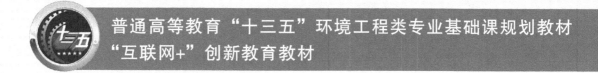

普通高等教育"十三五"环境工程类专业基础课规划教材
"互联网+"创新教育教材

环境信息系统

主编 祝 颖 **副主编** 刘言正 闫霞霞

U0282188

西安交通大学出版社
XI'AN JIAOTONG UNIVERSITY PRESS

图书在版编目(CIP)数据

环境信息系统 / 祝颖主编 . —西安:西安交通大学出版社,2021.1(2024.7重印)

普通高等教育"十三五"环境工程类专业基础课规划教材

"互联网+"创新教育教材

ISBN 978 - 7 - 5693 - 0899 - 0

Ⅰ. ①环… Ⅱ. ①祝… Ⅲ. ①环境信息-信息系统-高等学校-教材 Ⅳ. ①X32

中国版本图书馆 CIP 数据核字(2018)第 226464 号

书　　名	环境信息系统
主　　编	祝　颖
责任编辑	魏照民　崔永政

出版发行	西安交通大学出版社
	(西安市兴庆南路 1 号　邮政编码 710048)
网　　址	http://www.xjtupress.com
电　　话	(029)82668357　82667874(发行中心)
	(029)82668315(总编办)
传　　真	(029)82668280
印　　刷	西安五星印刷有限公司

开　　本	787mm×1092mm　1/16　印张 11.125　字数 237 千字
版次印次	2021 年 1 月第 1 版　2024 年 7 月第 2 次印刷
书　　号	ISBN 978 - 7 - 5693 - 0899 - 0
定　　价	35.00 元

如发现印装质量问题,请与本社发行中心联系。

订购热线:(029)82665248　(029)82667874

投稿热线:(029)82668133

读者信箱:xj_rwjg@126.com

编写委员会

总　序

随着我国经济的持续高速发展，人们的生活水平和生活质量不断提高，对环境的期望和要求也不断提高，这为我国高等环境教育事业的发展带来了前所未有的机遇和挑战。根据教育部环境科学与工程类教学指导委员会的统计，截至2017年，全国高校已设立了600多个环境科学与工程类专业点，为我国环境事业的发展培养了一大批建设和管理人才。

大学本科专业教学分为基础知识教学与专业知识教学。基础知识教学不仅为专业教学提供基础，而且能拓展学生的知识范围，为跨专业学习和未来职业教育奠定了良好的基础。环境科学与工程类专业的基础知识覆盖数学、物理学、化学（无机化学、分析化学、有机化学、物理化学）、生态学、环境学、环境化学、环境微生物学（或生物学）、工程力学、流体力学、电工电子学等多门学科，为环境科学与工程的核心概念、基本原理、基本技术和方法奠了定基础，是专业学习的重要内容。教育部最新颁布的《普通高等学校环境科学与工程类专业教学质量国家标准》也特别强调了专业基础知识教学在提高专业教学质量中的核心和重要地位。而基础课教材作为基础知识教学内容的载体，在本科专业教学活动中起着十分重要的作用。

"互联网＋"是利用信息通信技术以及互联网平台，使互联网与传统产业（或知识）进行融合，从而创造新的发展业态（或生态）。将"互联网＋"应用于教材和教学活动是高等学校本科教学的发展趋势。

针对我国经济发展面临的环境问题和环境科学与工程类专业发展的特点，进一步夯实学生的专业基础，根据学科发展和现代互联网教学发展的需要，由西安建筑科技大学环境与市政工程学院牵头，组织环境科学、环境工程、水质科学与技术等环境科学与工程类专业的教师编写了"普通高等教育'十三五'环境类专业基础课规划教材'互联网＋'创新教育系列教材"。该系列教材将互联网与传统纸质教材进行深度融合，将"互联网＋"纸媒教材的模式应用于环境科学与工程类专业基础知识教学领域，打造开放性、立体化教材，创造新的基础知识教学发展生态,使学生的学习不受时间、空间限制,从而大幅提高学习效率,为互联网背景下我国环境科学与工程类专业基础知识教学提供新的探索和尝试。

编委会

2018 年 2 月 5 日

前　言

近些年来我在从事环境信息系统的教学中发现：目前的环境信息系统教材对学科体系性和学术性的强调偏重，学生理解起来深奥晦涩；教学内容陈旧，教学方法单一，教学内容与培养目标不相适应，无法达到提高课程教学质量的目的。为了摒除这些陈弊，使教材让学生能看懂、能研习，使学生不只是得到必需的科学知识，而且能够获得宝贵的学习和研究方法，所以编写一本与教学内容和培养目标相适应的教材已经迫在眉睫。

本教材共分为六章，重点介绍建设环境信息系统的基础知识、系统设计典型案例以及支撑的相关软件等。第 1 章信息、系统和环境，主要介绍信息、信息系统和环境信息系统及其构成之间的相互关系；第 2 章环境信息系统的开发，讲述了环境信息系统的建设和设计的原则、过程、步骤等关键问题；第 3 章介绍了环境信息系统设计中的地图和制图基础；第 4 章介绍了环境信息如何采集、处理和管理，环境信息和空间信息；第 5 章对信息系统中的常用工具与软件平台的特点及使用作了较为详细的介绍；第 6 章运用典型案例向读者介绍和分析了环境信息的设计与实现过程，阐述了环境信息系统的设计特点、设计方案和系统发布等。

全书由祝颖主编，刘言正和闫霞霞担任副主编。闫霞霞参与了第 1、2 章的编写工作，曹宁参与了第 3 章的编写工作，李育倍参与了第 4 章的编写工作，邵波参与了第 5 章的编写工作，仝全领参与了第 6 章的编写工作。全书由祝颖负责审校定稿。

鉴于编者水平有限，书中疏漏和错误在所难免，敬请各位读者提出宝贵意见和建议。

编　者

2018 年 6 月

目 录

第 1 章　信息、系统与环境

日常生活中,不论在职业上还是在个人生活中,我们都经常与各种各样的信息系统打交道。随着越来越多的人在个人生活和职业工作中逐渐地依赖于信息系统(information system,IS),在信息系统中的投资急剧增加。将来,我们将更加依赖信息系统。了解信息系统的潜力并将这种知识应用于工作中,将会使个人工作更加成功,从而也能使所在团体实现其目标,社会达到更高的生活质量。因此,对信息及其相关活动因素进行科学的计划、组织、控制和协调,实现信息资源的充分开发、合理配置和有效利用,既是信息科学的重大应用课题,也是管理科学的新兴研究领域。

1.1　基本概念

信息,指音讯、消息、通信系统传输和处理的对象,泛指人类社会传播的一切内容。人通过获得、识别自然界和社会的不同信息来区别不同事物,得以认识和改造世界。在一切通信和控制系统中,信息是一种普遍联系的形式。1948 年,数学家香农在题为《通讯的数学理论》的论文中指出:"信息是用来消除随机不定性的东西。"创建一切宇宙万物的最基本万能单位是信息。(见图 1.1)

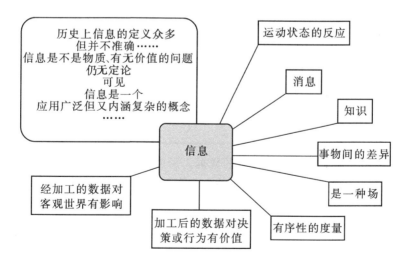

图 1.1　信息的基本概念

1.1.1　信息的概念

　　现在的世界是信息的世界,信息无处不在,如何给信息下一个明确的定义并不是一件容易的事。按照我国信息科学专家提出的信息分层定义和建立信息的定义,可以根据不同的条件区分不同的层次给出信息的定义。最高层次是信息在哲学本源意义上的层次,即无约束条件的层次。

　　在哲学本源的层次上,我们可以将信息明确地定义为:信息是某一事物运动的状态和方式在其他事物运动状态和方式上的反应。

　　认识论层次上的信息是这样定义的:信息是认识所感知的或者所表述的事物运动的状态和方式及其意义。

　　信息的存在不以主体的存在为转移,即使主体不存在,信息同样可以存在。从这个意义上讲,信息就是事物内部结构和外部联系的运动方式和状态。信息在主观上可以接受和利用,并作用于人们的行动。从这个意义上来讲,信息是主体所感知或主体所表述的事物的运动状态及其变化方式。(见图1.2)

图 1.2　信息

　　对于数据库系统和管理信息系统,信息一般被定义为有组织的、可以形式化描述的数据,前者的侧重点在这些数据的语法形式上,后者不再重视数据的语法性,但要考虑其语义和语用特性。

1.1.2　信息与数据的关系

　　数据(data)是事实或观察的结果,是对客观事物的逻辑归纳,是用于表示客观事物未经加工的原始素材。

　　信息是一种被加工而形成的特定的数据。形成信息的数据对接受者来说具有确定的意义,它对接受者当前和未来的活动产生影响并具有实际的价值,即对决策和行为有现实或潜在的价值。

　　(1)并非任何数据都表示信息,信息是消化了的数据。

　　(2)信息是更直接反映现实概念的,而数据则是信息的具体体现,所以信息不随载荷它的物理设备而改变,而数据则不然,它在计算机化的信息系统中和计算机系统有关。

（3）信息从数据中加工、提炼而来，是用于帮助人们正确决策的有用数据。

（4）信息对决策有价值。

一定量的数据包含一定量的信息，但并不是数据量越大信息量就越大。

信息与数据的关系如图 1.3 所示。

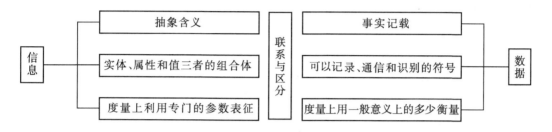

图 1.3　信息与数据

1.1.3　信息与物质、能量的关系

能量是信息运动的动力。但信息效用的大小并不由其消耗能量的多少决定。物质是信息存在的基础。信息是一切物质的基本属性，认知主体对于客观物质世界的反映都是通过信息来实现的。但信息不是物质，也不是意识，而是物质与意识的中介。（见图 1.4）

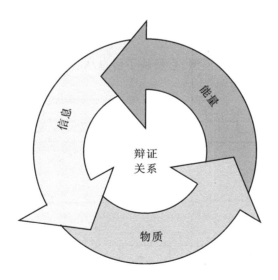

图 1.4　信息与物质、能量的关系

1.1.4 信息的特征、分类及功能

1. 信息的特征

所谓信息的特征,就是指信息区别于其他事物的本质属性。信息的基本特征包括以下 10 点:

1)普遍性

信息是事物运动的状态和方式,只要有事物存在,只要有事物的运动,就会有其运动的状态和方式,就存在着信息。无论在自然界、人类社会,还是在人类思维领域,绝对的"真空"是不存在的,绝对不运动的事物也是没有的。因此,信息是普遍存在的。信息与物质、能量一起,构成了客观世界的三大要素。

2)表征性

信息不是客观事物本身,而只是事物运动状态和存在方式的表征。一切事物都会产生信息,信息就是表征所有事物属性、状态、内在联系与相互作用的一种普遍形式。宇宙时空中的事物是无限的,表征事物的信息现象也是无限的。由于信息反映客观事物的运动状态和方式,因而真实性是信息最本质的特征,不具备真实性的信息就是虚假信息、有害信息。

3)动态性

客观事物本身都在不停地运动变化,信息也在不断发展更新。事物运动状态及方式的效用会随时间的推移而改变。因此,在获取与利用信息时必须树立时效观念,不能有一劳永逸的想法。

图 1.5 是信息运动的一种模型,它反映了信息从客体进入主体,经过在主体中的运动再作用于客体的运动过程。

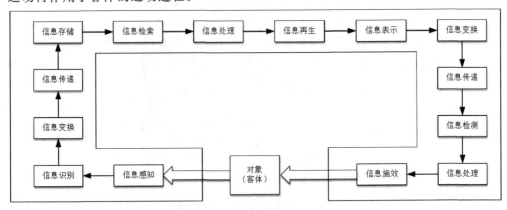

图 1.5　信息运动模型

从图 1.5 可以看出,信息的运动过程就是不断地了解和控制对象,使它逐渐地由初始运动状态和运动方式转移到最终的运动状态和运动方式。只有当上述所有过程

都发挥正常作用,主体才能从本体意义上的信息中提取认识论意义上的信息,并从中形成有关客体对象的正确认识,在这个基础上再生出反应主体意志的信息,并通过它的反作用实现对客体的变革。

4) 相对性

客观上信息是无限的,但相对于认知主体来说,人们实际获得的信息(实得信息)总是有限的。并且,由于不同主体有着不同的感受能力、不同的理解能力和不同的目的性,从同一事物中获取的信息(语法信息、语义信息和语用信息)必定各不相同,即实得的信息量是因人而异的。

5) 依存性

信息本身是看不见、摸不着的,它必须依附于一定的物质形式(如声波、电磁波、纸张、化学材料、磁性材料等)之上,不可能脱离物质单独存在。这些以承载信息为主要任务的物质形式称为信息的载体。信息没有语言、文字、图像和符号等记录手段便不能表述,没有物质载体便不能存储和传播,但其内容并不因记录手段或物质载体的改变而发生变化。

6) 传递性

信息可以通过多种渠道、采用多种方式进行传递。信息从时间或空间上的某一点向其他点移动的过程被称为信息传递。信息传递要借助于一定的物质载体,因此,实现信息传递功能的载体又称为信息媒介。一个完整的信息传递过程必须具备信源(信息的发出方)、信宿(信息的接收方)、信道(媒介)和信息四个基本要素。传递信息需要时间,因而接收者得到的信息总是滞后于信源。信息的传输载体和传输手段决定了信息传递的速度和效率。

7) 可干扰性

信息是通过信道进行传递的。信道既是通信系统不可缺少的组成部分,同时又对信息传递有干扰和阻碍作用。任何不属于信源而加之于其信号上的附加物都称为信息干扰。例如噪声就是一种典型的干扰。产生噪声的因素很多,有传输设备发热引起的热噪声、不同频率的信号相互干扰产生的调制噪声、不同信道相互干扰产生的串扰噪声、外部电磁波冲击产生的脉冲噪声等。

8) 可加工性

信息可以被分析或综合,也可以被扩充或浓缩,也就是说人们可以对信息进行加工处理。所谓信息加工,是指对信息进行整理、变换、排序、分解、计算、提炼、分析、综合、可视化等处理,将信息从一种形式变换成另一种形式。经过加工的信息将更符合人们对信息的内容、形式和实效等方面的需要,更适于人们对信息的再利用。如果在信息加工过程中没有任何信息量的增加或损失,并且信息内容保持不变,那么就意味着这个信息加工过程是可逆的,反之则是不可逆的。实际上,信息加工都是不可逆的过程。

9）层次性

信息反映的内容具有不同的抽象层次,既有蕴含丰富意义的高抽象度信息,也有内容简单和直观的具体信息。例如,环境保护战略规划、生态环境系统、节能减排等属于高抽象度信息,而一台声级计在某段时间内得到的环境噪声数据则属于简单的具体信息。不同层次的信息,其用途和加工处理方式一般也不同,因而根据层次性可以更好地把握和分析信息。

10）共享性

信息区别于物质的一个重要特征是它可以被共同占有,共同享用,也就是说,信息在传递过程中不但可以被信源和信宿共同拥有,而且还可以被众多的信宿同时接收利用。如一条新闻通过互联网可以被众多在线者同时浏览。物质交换遵循易物交换原则,失去一物才能得到一物,但信息交换的双方不仅不会失去原有信息,而且还会增加新的信息。在信息化工作中要充分利用广播电视技术、互联网技术、通信技术和计算机技术,充分发挥信息的可共享性,使其可以广泛地传播扩散,供全体接收者共享。

2. 信息的分类

（1）按照信息发生的领域,可将信息划分为物理信息、生物信息和社会信息;

（2）按照信息的表现形式,可将信息划分为消息、资料和知识;

（3）按照主体的认识层次,可将信息划分为语法信息、语义信息和语用信息。

3. 信息的功能

信息的功能是信息属性的体现,主要表现为:

（1）信息是认识客体的中介;

（2）信息是人类思维的材料;

（3）信息是科学决策的依据;

（4）信息是有效控制的灵魂;

（5）信息是系统秩序的保证;

（6）信息是社会发展的资源。

1.1.5　语法信息的度量、语义信息的度量、语用信息的度量

1. 语法信息的度量

语法信息是事物运动及其变化方式的外在形式,不涉及这件形式的含义和效用,只考虑表示符号和符号之间的结合方式所包含的信息。语法信息是信息问题最基本的层次,研究信息度量的问题首先是从语法信息开始的,目前也最为成功。

早在香农建立信息论以前,哈特莱在"信息传输"一文中就提出了一种信息度量方法,指出了信息数量的大小仅与发信者在字母表中对字母的选择方式相关,而与

信息的语义无关,并给出了信息的度量公式

$$I = \log S^n = n\log S \qquad (1-1)$$

式中:S 是字母表字母的数目;n 是信息选择的字母数目。香农接受了哈莱特关于信息的形式化思想,并把他的信息度量推广到更有意义的范围。

香农对信息的研究基于一个简单的通信模型,即信息传递系统。它由信源(发信者)、信道(信息传递的物理通道)和信宿(收信者)组成。信息从信源发出,经过信道传输,最后由信宿接收。

在信息传递过程中,收信者在收到信息以前不知道信息的具体内容(否则,信息传递就没有意义)。对收信者来说,是一个从不知到知,从不确定到确定的过程。从通信的过程来看,收信者的所谓"不知"就是不知道发送者将发送描述何种运动状态的消息。例如,发电报时,报文"母病愈"是对母亲身体健康状态的一种描述.而母亲身体健康情况会表现出不同的状态。可见,收信者在看到报文以前,对母亲的健康状况存在"不确定性"。一旦看到报文以后,只要报文清楚,在传递过程中没有出现错误,那么原来的"不确定性"就被消除了。所以,通信过程是一种从不确定到确定的过程,是消除不确定性的过程。消除了不确定性,收信者就获得了信息。显然,信息的测度与不确定性的程度有关。从数学的角度看,不确定性就是随机性,大小与概率有关。

2. 语义信息的度量

为了描述语义信息,首先必须建立"含义"的表征方法。"含义"的表征可以采用逻辑真实度的方法来描述。设立一个"状态逻辑真实度"参量,记为 t,$0 \leqslant t \leqslant 1$。定义为

$$t = \begin{cases} 1 & \text{状态逻辑为真} \\ 1/2 & \text{状态逻辑不定} \\ t \in (0,1) & \text{状态逻辑模糊} \\ 0 & \text{状态逻辑为伪} \end{cases} \qquad (1-2)$$

若随机事件 X 的状态为 $X = \{x_1, x_2, x_3, \cdots, x_n\}$,各状态的概率为 $P = \{p_1, p_2, p_3, \cdots, p_n\}$,各状态的逻辑真实度为 $T = \{t_1, t_2, t_3, \cdots, t_n\}$,则事件 X 的语义信息结构为

$$S = \begin{Bmatrix} X \\ T \\ P \end{Bmatrix} = \begin{Bmatrix} x_1, x_2, x_3, \cdots, x_n \\ t_1, t_2, t_3, \cdots, t_n \\ p_1, p_2, p_3, \cdots, p_n \end{Bmatrix} \qquad (1-3)$$

于是,可以得到以下语义信息度量公式

$$H(X,T) = K\sum_{i=1}^{n} t_i p(x_i) \frac{1}{\log p(x_i)} = -K\sum_{i=1}^{n} t_i p(x_i)\log p(x_i) \qquad (1-4)$$

3. 语用信息的度量

与在语义信息的度量中引入状态逻辑真实度的方式类似,可以采用效用度的概

念来处理状态效用的表征问题。设状态效用度参量为 u，且满足

$$u = \begin{cases} 1 & \text{状态效用最小} \\ u \in (0,1) & \text{状态效用模糊} \\ 0 & \text{状态效用最小} \end{cases} \qquad (1-5)$$

若随机事件 X 的状态为 $X = \{x_1, x_2, x_3, \cdots, x_n\}$，各状态的概率为 $P = \{p_1, p_2, p_3, \cdots, p_n\}$，各状态的效用度为 $U = \{u_1, u_2, u_3, \cdots, u_n\}$，则事件 X 的语用信息结构为

$$S = \begin{Bmatrix} X \\ U \\ P \end{Bmatrix} = \begin{Bmatrix} x_1, x_2, x_3, \cdots, x_n \\ u_1, u_2, u_3, \cdots, u_n \\ p_1, p_2, p_3, \cdots, p_n \end{Bmatrix} \qquad (1-6)$$

可以得到语用信息度量公式

$$H(X,U) = K \sum_{i=1}^{n} u_i p(x_i) \frac{1}{\log p(x_i)} = -K \sum_{i=1}^{n} u_i p(x_i) \log p(x_i) \qquad (1-7)$$

1.1.6　信息管理的意义、发展、进展

信息管理的意义有以下几点：开发信息资源，提供信息服务；合理配置信息资源，满足社会信息需要；推动信息产业的发展，促进社会信息化水平的提高。

古代信息管理时期的特点如下：信息交流活动是自发的、无组织的；信息记载材料是天然的；信息记录方法是手工的。

由于信息活动主要集中在个体层次上，社会信息量不大，信息管理活动是零星的、片断的，主要是对信息载体进行封闭式的物理管理。

管理手段：以解决文献资料的收集、整理、保存与传播报道为主要任务，以人力和手工为主并辅以部分机械化作业，主要管理者是图书馆员。

图书馆源于保存记事的习惯。早在公元前 3000 年时，巴比伦的神庙中就收藏有刻在胶泥板上的各类记载。最早的图书馆是希腊神庙的藏书之所和附属于希腊哲学书院（公元前 4 世纪）的藏书之所。我国的图书馆历史悠久，起初称作"府""阁""观""台""殿""院""堂""斋""楼"，如：西周的盟府，两汉的石渠阁、东观和兰台，隋朝的观文殿，宋朝的崇文院，明代的澹生堂，清朝的四库全书七阁等。"图书馆"是一个外来语，于 19 世纪末从日本传到我国。据《在辞典中出现的"图书馆"》说，"图书馆"一词最初在日本的文献中出现是 1877 年的事；而最早在我国文献中出现，当推《教育世界》第 62 期中所刊出的一篇《拟设简便图书馆说》，时为 1894 年。

藏书阁是中国古代供藏书和阅览图书用的建筑。中国最早的藏书建筑建于宫廷，如汉朝的天禄阁、石渠阁。宋朝以后，随着造纸术的普及和印本书的推广，民间也建造藏书楼。建于明朝嘉靖四十年（1561 年）的浙江宁波天一阁，是中国现存最古老的藏书楼，为面宽六间的两层楼房，楼上按经、史、子、集分类列柜藏书，楼下为阅览图书和收藏石刻之用。建筑南北开窗，空气流通。书橱两面设门，既可前后取书，又可

透风防霉。清朝北京故宫文渊阁是专为收藏四库全书而建的藏书楼,其房屋制度、书架款式等仿天一阁。

第二次世界大战以后,以计算机和通信技术为中心的现代信息技术迅猛发展,对人类社会经济活动产生了广泛而深远的影响,并将信息管理活动推向一个全新的发展时期——现代信息管理时期。

20 世纪 50 年代计算机在数据处理技术上的突破,把计算机应用从单纯的数值运算扩展到数据处理的广阔领域,50 年代出现了电子数据处理系统(EDPS),60 年代兴起了管理信息系统(MIS),70 年代又先后产生了决策支持系统(DSS)和办公自动化系统(OAS 或 OA)等。70 年代末 80 年代初提出的信息资源管理(IRM)概念确立了将信息资源作为经济资源、管理资源和竞争资源的新观念,强调信息资源在组织管理决策与竞争战略规划中的作用,从而使组织形成了新的信息管理战略。80 年代末期,一种体现信息资源管理思想的新一代信息管理系统——战略信息系统(SIS)——迅速兴起。这一阶段信息管理的特点是:以信息资源为中心,以战略信息系统为主要阵地,以解决信息资源对竞争战略决策的支持问题为主要任务,管理手段网络化,主要管理者是信息主管(chief information officer,CIO)。

图书馆学、文献学、情报学、档案学等,经过一百多年来的发展,和其他相关学科一起,从文献信息的角度出发研究信息管理问题,内涵日益丰富,外延不断扩大,逐渐成为信息管理学的重要应用研究领域。

但是,传统的图书馆学、情报学基本上局限于“静态”文献信息管理活动的研究,不能适应网络化、数字化和全球一体化信息环境下信息管理实践的全面发展需要。

1.2　环境信息系统基础

环境信息系统(environmental information system,EIS)是以环境空间数据库为基础,在计算机软硬件的支持下,对环境相关数据进行采集、管理、操作、分析、模拟和显示,并采用空间模型分析方法适时提供多种空间和动态的环境信息并应用和传播环境信息,为决策服务而建立起来的计算机技术系统。

1.2.1　环境信息的定义

简单地说,环境信息就是通过加工能够用于环境保护工作的数据和符号,它反映了环境各系统各个环节的时间、空间和状态特征。

(1)环境信息是环境系统客观存在的标志,也是相关因素彼此作用的表征。环境信息是在物质和能量变化过程中产生的。例如,现代城市的各种物资和产品日益丰富,但各项工业生产同时也产生了废水、废气、废渣等有害物质,并将能量释放到环境中(热能、噪声、电磁波等),造成了环境污染和生态失调,导致环境变异和环境质量的下降,危害动植物的生长和人体健康,反过来又会影响和危害工业生产自身的数量和质量。在这个复杂的物质和能量的交换过程中存在着丰富的环境信息,并且可以用它们来表现这个复杂过程的动态特征。

(2)环境信息是认识环境问题和现象的识别信号。环境问题在人们不了解其真实面目和内在联系时,就会在认识上存在"不定性"或"模糊性"。只有重视研究产生这种现象的内在联系的微观信息,才能揭示其本质,深化人们的认识程度。任何一个环境保护部门,只有输入或获得环境信息,加工处理信息,再输出所需的信息,才能制定科学的决策,减少或消除不定性。

环境信息与单向流动的物质流不一样,它是双向流动的,环境管理的一个重要职能就是利用信息的反馈来控制物质流动的方向、速度和数量,使环境质量满足一个合理的目标。因此,可以说环境信息是环境管理的基础,只有掌握充分的、正确的和及时的信息,环境管理才能真正实现科学化和现代化。

1.2.2 环境信息系统的定义

环境信息系统到目前还没有一个公认的定义,这是因为现在连环境信息系统这个名词也还没有被明确提出来,在本书中,将一切用于环境管理、环境科学研究等与环境保护相关的信息系统都称为环境信息系统。

从功能上,环境信息系统(EIS)一般被定义成一个获得、存取、编辑、处理、分析和显示环境数据的系统。从内容上,EIS被定义为一个包含了计算机软件、计算机硬件、环境数据和专业人员的系统。在 EIS 的开发利用过程中,尤其重要的是人员要随着计算机技术的迅速发展而不断跟踪新的技术进展或不断接受培训,并且数据要随时间不断得到更新。

随着全球环境状态的日益恶化,各国都对环境管理提出了更高的要求,同时计算机技术在近几年得到飞速发展,计算机软硬件的价格也大幅度下调,使用计算机来加强对环境的管理和研究就成了必然的选择。同时由于各种各样的管理信息系统(management information system,MIS)技术的兴起,特别是地理信息系统(geographic information system,GIS)技术发展,大大促进了环境信息系统的发展,可以说当前所有的环境信息系统无一不是建立在这两大信息系统技术的基础之上的。

1.2.3 环境信息系统的分类

与环境相关的各类信息系统相当多,可以按照不同的分类标准来划分类型,本文主要按技术核心的不同将其划分为环境管理信息系统(environmental management information system,EMIS)和环境地理信息系统(environmental geographic information system,EGIS)。环境管理信息系统是主要利用管理信息系统(MIS)和办公自动化(office automation,OA)技术来对环境数据进行管理的计算机系统,它广泛应用于我国各级环境保护部门对环境数据进行统计、分析、查询等日常管理,其最根本的技术基础是关系数据库;环境地理信息系统(EGIS)则是以地理信息系统(GIS)

为基础,从某种程度上说,环境地理信息就是地理信息系统在环境方面的应用,由于地理信息系统具有强大的处理空间数据的能力,而相当多的环境数据具有空间性特征,所以地理信息系统能对环境数据进行比环境地理信息系统更直观、更有效的处理。环境地理信息系统是环境信息系统的发展方向,因此有时人们在谈到环境信息系统时,就是指环境地理信息系统,本书也将以环境地理信息系统作为主要内容。

图 1.6 是环境信息系统分类组成及相互关系,从图中可看出,环境管理信息系统与环境地理信息系统已经有部分开始融合。目前 EMIS 主要包括各类专项环境保护的管理系统,如排污申报管理系统、项目环境评价申报管理系统等,以及网上信息发布宣传系统、各级环境保护部门办公系统。国内正在大力开发的环境信息系统(EIS)是基于电子地图的 EGIS,从 20 世纪 90 年代中期开始,对 EGIS 的开发就已经被列入国家重大科研项目,得到充分重视,许多科研院校相继将 GIS 应用到环境管理及环境科学研究中,并取得了相当成果。

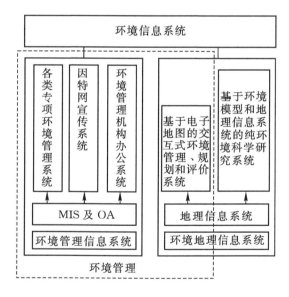

图 1.6 环境信息系统分类组成及相互关系

1.3 环境信息系统的应用和发展

1.3.1 环境信息系统的应用

环境信息系统(EIS)的主要任务是将遥感、调查、检测、测绘等方式得到的环境数据信息输入计算机,利用计算机对信息进行分类、检索、排序、综合,并根据专家的经验和国家的法规对环境进行管理、监测、评价、规划以及国家环境政策的模拟等。

　　EIS 的主要研究内容是由研究任务来决定的。EIS 的主要研究内容分以下三个等级来说明：

　　(1)基本理论。基本理论主要包括 EIS 相关概念、定义、内涵、特点、任务、结构组成及其功能、基础理论体系以及发展历史、方向。环境信息系统作为一门新学科，要求在基础理论上多下功夫。

　　(2)技术体系。技术体系主要包括 EIS 软硬件的设计与配置、相关软件的研制与开发、EIS 数据结构与算法、环境数据管理(主要是空间数据的管理)、EIS 输入输出。

　　(3)应用体系。应用体系包括 EIS 应用系统设计的几个主要方面：数据采集与校验，应用模型研究，遥感 RS、环境模型相结合(集成)。

1.3.2　环境信息系统的发展

　　环境信息系统(EIS)是随着环境科学、管理科学、计算机科学以及地理信息系统技术的发展进步而同步发展的，特别是地理信息系统(GIS)对 EIS 的发展起着越来越重要的作用，当前 EIS 主要向以下几个方面发展：

　　(1)EGIS 将全面融合 EMIS，传统的基于单纯关系数据库的 EMIS 将被 EGIS 全面取代，这种新的 EGIS 集成了 GIS、MIS 的全部功能，从而使之在环境管理、环境保护等方面获得更加广泛的应用。

　　(2)EIS 将进一步专业化。当前绝大部分的 EGIS 只是用 GIS 技术来管理环境数据，其核心完全是 GIS，其主要应用领域仍然集中在环境管理方面，以后 EGIS 将与环境科学完全结合，这种 EIS 将具有庞大的专业环境模型库，对环境的分析、模拟和预测能力得到大幅度提高，并将在环境科学的研究中发挥越来越重要的作用。

　　(3)网络化、组件化 EIS。随着因特网(Internet)的发展，特别是宽带技术的发展，通过因特网共享环境数据、远程管理、远程计算、模拟已经成为可能，网络 EIS 就应运而生。为提高软件的复用能力，提出了可复用软件开发理论，这就是可复用组件，成为软件开发的实质上的新标准，组件化 GIS、组件化 EIS 也得到迅速的发展，成为 GIS、EIS 开发的热门技术。

　　(4)EIS 将成为全球数字化的主要组成部分。自从"数字化地球"的口号被美国提出来以后，世界各国相继投入大量人力、物力进行相关的开发研究，EIS 作为对环境研究、管理的主要信息手段，将成为其中的一个主要组成部分。

　　目前，我国正在进行的经济体制改革和政治体制改革，要求各级政府加快机构改革和职能转变，把工作重点转到加强宏观调控上来。信息是各级政府决策和管理的重要资源和基础，"信息引导"是各级政府的主要职能之一。随着经济的发展和体制改革的深入，环境决策和管理所需的信息类型、信息来源、信息的质和量、信息的传递速度和加工深度都不是现有的信息系统能满足的。建立全国高效率、高质量的环境信息系统，对于各级环境保护部门转变职能、加强宏观调控能力和综合管理能力具有现实和深远的意义。

习　题

1. 画出信息系统的基本模式,并说明其基本功能。

2. 结合信息的运动模型,举例说明信息运动的全过程。

3. 环境信息的来源有哪些?

4. 举例说明什么是环境信息系统。

5. 列举 5 种以上日常生活中存在的环境信息,并分析它们对人类的影响。

参考答案

第2章　环境信息系统的开发

2.1　环境信息系统建设概述

2.1.1　环境信息系统建设的问题

环境信息系统是当今信息技术的热点之一,它是集环境管理业务、计算机技术、地理信息系统(GIS)、关系数据库(RDBMS)、遥感(RS)、全球卫星定位系统(GPS)、网络(Network)等高新技术于一体的技术含量高、投资力度大、建设难度强的系统工程。因为在环境信息系统建设时,不仅要考虑系统建设的技术因素诸如计算机硬件和软件、计算机实现环境管理信息化的方法;还要考虑具有不同学科背景的工作人员,包括环境管理人员、计算机开发人员、系统测试人员等因素,以及在系统建设各个阶段的组织管理措施、数据质量的控制问题和系统建设的经济和社会效益。

近些年来,计算机硬件技术的快速发展,新操作系统的不断推出,RDBMS、Network、GIS、RS 以及 GPS 等技术的发展,保障了一个技术先进、功能完善的信息系统能够应用于环境管理的诸多业务中,从而为系统的开发和建设提供了条件。但由于系统建设缺乏经验,一些部门在系统建设中曾出现过这样或那样的问题,这些问题中有的是涉及如何开发适于环境管理业务的环境管理信息系统软件;有的是数据的标准化、规范化和数据的质量控制方法,还有的是系统建设中文档的规范化和管理等,具体表现如下:

(1)开发的软件与实际环境管理业务流程不相符。软件开发人员常常在对环境管理业务了解不深,甚至在对所要解决的问题还没确切认识的情况下,就匆忙着手设计开发方案、急于编写程序;软件开发人员、环境管理人员与使用人员之间信息交流不充分。

(2)对系统建设的成本和进展的估计不足,缺乏应有的预见性。在工作中常常出现,实际成本比估计成本有可能相差(高出)甚远,实际进度比预期进度拖延几个月甚至几年的情况,严重影响到系统的实施,起不到良好的效果。

(3)开发出来的软件质量和可靠性没有经过严格的审查、复查和测试,没能按照行业规范认可就匆忙进行数据库的设计和建立,导致软件发生质量问题,运行不畅,系统建设进程迟缓,效率低下。

(4)软件设计中,数据结构缺乏科学性,编码没有规范性和标准化,和其他软件和技术的接口未考虑或设立不理想,以及缺乏考虑各个子系统之间的关系接口,影响系统软件的再开发和与其他数据平台的交流与信息共享。

(5)缺乏对系统建设中输入数据的质量控制的认识,以及对海量数据和变更数据的存储、维护、管理的认识,在系统建设中出现数据管理混乱等问题,导致系统应用的瓶颈提前出现,影响系统运营。

(6)在系统整个建设过程中,各种数据和文档资料管理混乱,缺乏必要的管理编目,甚至数据或文档资料不准确,给系统的二次开发和维护带来许多严重的问题和困难。

(7)有些系统建设中,开发人员与环境管理人员联系不够,开发人员在一段时期前后缺乏沟通交流,系统使用人员对软件的日常维护和管理缺乏认识,甚至不会使用软件,导致系统常常疏于维护,很多程序中的错误难以改正,最终导致系统建设处于半瘫痪或瘫痪状态。

以上这些问题仅仅是系统建设中存在问题的一些明显的表现,与系统建设有关的问题还远不止这些。忽略这些问题,系统建设将得不到圆满成功,这方面的教训已经不少。

系统建设并不是某种个体劳动的技能结果,而应该是一个团队行为,这个团队需要有良好的组织和严密的管理以及各类人员间的协同配合,来共同完成工程项目。因此,要解决系统建设中出现的问题,就要用系统工程的思想去指导系统建设,既要有技术措施,又要有切实的方法和有效的工具,还要有必要的组织管理措施和有助于系统运作的机制。

在系统建设时期可以根据系统工程的思想,在环境信息系统建设中有目的地进行设计、开发、管理与控制。

2.1.2 环境信息系统建设的过程

通过环境信息系统建设的实践,我们认为系统建设过程可以分成几个阶段,但划分的阶段不是完全独立的,各时期会有部分的交叉或覆盖。阶段划分的一条基本原则是使各个阶段的任务彼此间尽可能相对独立,同一阶段各项任务的性质尽可能相同,从而降低每个阶段任务的复杂程度,简化不同阶段之间的联系。这将有利于系统建设的组织管理。因此,系统建设可分为三个时期(见图 2.1),即系统分析时期、系统开发时期和系统维护时期,每个时期又进一步划分成若干个阶段,各个阶段有不同的目标和任务。

系统分析时期的任务是确定系统的目标、任务;设计出系统的结构和功能、硬软件配制与进行环境、数据库和子系统等技术框架并实现系统目标采用的策略;估计完成系统建设需要的资源和成本,制定系统的开发和工程建设的进度,进而对系统建设和使用人员等进行组织和培训。这个时期可以分成三个阶段,即系统任务确定、可行性研究和需求分析。

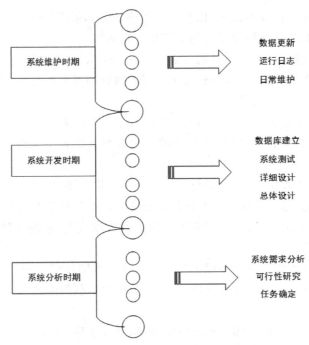

图 2.1   环境管理信息系统建设分期示意图

系统开发时期的任务是具体设计和实现软件开发和数据库的建立,可由下述四个阶段组成,即总体设计、详细设计、系统测试、系统数据库建立(数据入库),各个阶段还要细分,如详细设计必须包括程序编制和软件开发等。

系统维护时期的主要任务是使系统持久地满足用户对系统管理的需要。具体地说,当系统软件在使用过程中发现错误时应该加以改正;当环境改变时应该修改系统软件以适应新的环境;当系统软件使用者有新要求时应该及时改进软件以满足使用者的新需要。系统维护阶段主要是指系统建成后对系统的日常维护和数据更新。

2.2   系统的可行性分析

可行性分析也称可行性研究。理论上,在给定无限资源和时间的前提下所有的项目均是可行的。但在现实中,信息系统开发大多面临资源不足和时间有限的问题,所以应尽可能早的评估项目的可行性,如果在定义阶段较早地识别出系统的错误构思,那么可以避免数月或数年的工作量,几十或几百万、甚至几千万元的投资以及业务困难。

2.2.1   可行性分析的步骤

系统的可行性分析分为以下几个步骤:

1.确定可选的实施方案

可行性研究的第一阶段是确定项目潜在的可选实施方案。与流行的观点正好相反,实现应用时总有多种选择,包括使用多种技术实现、购买一种已有的类似的系统或者开发新的自主系统以及在原有的系统上升级。重要的是,为项目确定几个可行的可选实施方案,以便进行评估和比较,从而选择最佳的实施方案。

2.评估经济可行性

在评估一项可选实施方案的经济可行性时,要回答的基本问题是:"该应用是否值得?"您可以通过进行成本/收益分析来回答这个问题。顾名思义,成本/收益分析就是将应用的全部实际成本与其余全部实际有形和无形的收益相比较。应该在预算允许的范围内优先选择预期收益较高的方案,因为所有投资的首要目标就是提高整个业务效率。

3.评估技术可行性

除了经济可行性之外,还必须确定每项可选实施方案的技术可行性。此时,需要回答的基本问题是:"是否能够创建该应用?"首先,必须调研该项目要使用的各项技术。技术方面的问题在于,每项技术在行销演示中都能完美地完成工作,而一旦将它购买回来,往往又是需要实现一个微型项目,并且创建一个概念验证原型来检验这些技术是否能协同工作。在系统开发中,该基本任务可能持续几周或者几个月,但是只有在检验出选择的技术能否协同工作时才会体现出其价值。

4.评估运行可行性

一个应用系统不仅应该在经济和技术上行得通,还必须在运行上行得通。此时要回答的问题是:"系统一旦成为产品,是否能够对该系统提供维护和支持?"创建一个系统与运行一个系统完全是两码事,因此,必须确定是否能够有效地运行和支持它。

5.选择一项可选方案

一旦完成对每项可选方案的经济、技术和运行可行性评估,就应该从中选择一种实施方案。请记住,可行性研究的目标是,对比各项可选实施方案,并提出一个最佳的实施方案。执行该项任务的第一步是,排除任何在经济上、技术上或者运行上不可行的方案。如果没有剩下的任何可选方案,就必须从头再来,鉴定更多的可选方案。如果只剩下一个可选方案,则容易做出决策;如果最后剩下多个可选方案,则必须选择一个最合适的实施方案。当然,您也可以只确定可行的可选方案,而将决策权留给上级主管部门。在通常的系统开发招标中,很多开发商投标时皆强调其方案的可行性,而隐藏其存在的问题。例如,在某城市机动车尾气检测系统的招标中,中标方竟提出在不到 20m² 的机房内带动包括三台服务器在内的 24hUPS。如果实施其方案,真不知道那么多的电池会不会将楼板压塌。所以,清醒地从多角度判断一个方案的可行性并非一个容易的任务。

6. 确定潜在的风险

项目论证工作包括发现潜在风险,特别是那些与项目的技术和运行可行性相关的潜在风险。关键的一点是应该将其加入风险评估文档,以便在项目实施过程中能够妥善处理。

2.2.2 可行性分析的工作内容

可行性分析主要是进行大量的现状调查,在调查的基础上论证环境信息系统工程建设的必要性和可能性。

1. 调查目的及内容

调查的目的是掌握用户的基本情况和建成系统的应用能力和可能性,明确建设环境信息系统工程的初步目标,为可行性分析提供工作的基础。调查的重点是了解用户的组织和信息管理状况、资源组合情况,以及它们与外部的关系等涉及到项目必要性、可行性方面的情况。

(1)组织概况:组织的规模、历史、行业性质、管理目标和模式、人力组成及物力配置、技术和设备条件等。

(2)组织环境:它的自然环境和社会环境以及纵向联系(上下级关系)、横向联系(部门交叉),特别是与外部组织的信息往来与共享状况等。

(3)现行(有)环境信息管理概况:现行(有)环境信息系统的功能、技术水平、工作效率、可靠性、人才队伍梯队建设与管理体制构成,现行系统在组织中的地位和作用以及存在的问题等。

(4)对系统认识的基础:组织内部对项目建设的迫切性、负责人的决心及管理人员和技术人员的积极性,实践证明负责人的态度在这一环节尤为重要。

(5)资源情况:包括组织内部现有的人力、物力、财力,设备与环境条件,尤其是一些限制条件对系统运作可能会起到阻碍作用,从这个意义上来讲,要求细致深入的工作。

2. 必要性分析

必要性来自组织内部对建立系统的需要和组织外部的要求。换句话说就是有没有需求和有没有必要。例如,如果发现管理或应用人员对信息的需求并不迫切,或者感到原系统没有更换的必要,那么,新系统的研制和开发就不具备可能性和可行性。

3. 可能性分析

可能性引起的可行性问题,会受许多不确定因素影响,从而引发诸多难以预料的问题,可以从下述几个方面去考虑。

(1)系统建设的数据条件。系统建设的数据条件是指数据的类型多样性、完整性程度和质量或精度能否满足系统建设的需要。

数据多样性指数据资源丰富程度,它们可能是图件、统计表、审批文件、遥感数据、测量数据等。例如,建立植被分布现状调查系统,需要输入植被分布现状调查数据,这些数据是否已具备(包括图件和统计资料);是否还需要对个别数据进行外业调查和测绘,以便修正和补充;数据是否齐全,林地变更的审批文件是否齐全;数据的精度、质量如何等。

(2)系统建设的技术条件。系统建设的技术条件是指根据系统建设的规模和目标、系统应有的功能以及系统建设方案,分析现有的技术环境条件,包括硬件、软件和技术人员的技术水平等,能否满足系统建设的需要,而提出系统建设应有的技术条件。系统建设的软、硬件开发平台将直接影响系统的功能和性能,从而影响到系统开发的复杂性和开发周期。

在软件的选择上建议采用商业化计算机软件,可以利用 GIS、RS、MIS,并在其上即可进行二次开发层次,具体采取哪种方式要视系统建设目标与一个单元技术条件而定。前者要求单位技术力量较强,目标的预设值较大些,系统功能可以更加综合;而后者不需要单位拥有较强的计算机信息技术力量,就可以在较短的时间内产生效益,但系统应用受制于原软件的功能和设计风格。

(3)系统建设的经济状况。根据提出的系统建设方案,应考虑经济方面的可行性。系统分析员和系统建设决策者们应该估计系统开发和运行费用,例如,购买软件、硬件的费用等,并且估计相对于现行的管理方式而言,这个系统可以节省的开支或可以增加的收入。在这些估计数字的基础上,对系统进行成本与效益分析,提供给环境管理部门进行决策,关于成本与效益分析将在后面加以说明。

(4)成本与效益分析。一般来说,人们投资一项事业的目的是为了在将来得到更大的效益。开发环境管理信息系统也是一项投资,期望将来获得更大的经济和社会效益。社会效益有时候难以估算,但可以分析是否提高了决策的科学性和工作效率等。

在这里提到的成本与效益分析主要是从经济角度分析开发一个系统是否有效益,从而帮助环境管理部门做出是否投资于这项开发工程的正确决策。系统建设成本主要表现为人力投入和物力消耗。

成本估计采用的一般方法是把系统建设工程分解为若干个相对独立的任务,再分别估计每个开发任务的成本,最后累加起来得出总成本。估计每个任务的成本时,先估计完成该项任务所需要用的人力,再估计每人需消费的费用,从而得出每个任务的成本。除了人力费用外,还要估算诸如设备费用、软件费用、系统维护费用等。

工程建设是否能为投资者带来好的经济效益,可以通过估算系统研制和维护所需的投资费用和系统正常运行所得到的收益,进行比较判断。

①投资费用。投资费用包括以下几个方面:

设备费用包括计算机硬件及软件、输入输出设备、外围空调设施、不间断电源及机房设施等所需的费用。

人员费用包括系统开发人员和管理、维护人员的有关费用。

材料费用包括各种材料、能源与消耗品所需的费用,如绘图纸、打印纸、墨盒、硒鼓、光盘等的费用。

其他费用包括系统维修、保养等以及水电的费用。

不可预见费用,则是在费用估算时,往往有些费用难以估算,所以要留有一定的余地,一般按项目总经费的 1%～5% 来计算,以应付意外事故或物价变动等造成的支出增加。

②收益估计。收益的估计主要包括以下几个方面产生的效益:节省人力,降低劳动强度和避免重复劳动;降低成本,节省开支;提高管理水平,增加用户的工作效率和提升其竞争力;提高信息处理的现势性和准确性,加强信息的通用性等;提高管理人员素质建设人才队伍,要建立合理的人才梯队。

收益估算有直接的也有间接的,有定量的也有定性的,有眼前的也有长远的,必须实事求是地给予评价。

(5)社会方面。这里指的是影响工程建设可行性的社会和人的因素,例如,环境信息系统工程建设的认识基础和科学管理基础、管理体制的稳定性、经济发展的宏观控制形势、地区和行业的政策影响,甚至人的素质和心理因素等。

2.2.3 可行性分析报告

将可靠性分析的结果整理成书面的形式,就形成了可行性分析报告,其主要内容包括以下方面:

(1)工程任务的提出,包括建立系统的背景、必要性和意义。

(2)系统的目标,包括系统的名称、目标功能和开发的进度要求。

(3)可行性分析调查的概况,包括用户的组织、认识基础与现有条件。

(4)初步实施方案与比较,包括系统的规模、组成和结构,投资数量与来源,人力和物力的投入与培训计划等。可采用多方案途径,并对它们进行比较,并提出选择的依据和意见。

(5)可行性研究,包括技术、经济和社会三方面的可行性分析。

(6)根据分析的结果对工程建设的可行性作出以下三种结论:项目可行,条件成熟,可立即开展实施;需要修改目标,如追加资源或等待条件成熟;不可能或没必要进行,终止项目。

所下结论要符合实际,定性准确,避免二义性和含糊不清。

可可行性分析报告是系统开发人员经过初步调查与可行性研究后所做的工作总结,反应了开发人员对环境信息系统工程项目的看法,必须认真起草,并通过系统分析人员的集体讨论,然后提交主管部门审批和备案。

2.2.4 可行性论证

可行性分析报告提交主管部门以后,按规定应由主管部门主持召开用户单位、研制单位和其他单位的专家学者参加的可行性论证会。

论证会上,首先由系统分析人员或可行性分析小组的代表作较详细的介绍和说明,然后由各方面的专家代表进行广泛的、深入的讨论和研究。特别应引导与会者对各种方案进行比较分析,对每一个不同的意见都要给予重视,要充分估计各种可能出现的问题,只有这样才能做出尽可能符合客观实际的判断。

讨论的结果有两种可能。一种是同意或基本同意报告中的结论,或立即执行、或修改后执行,或取消项目;另一种是对报告持不同意见,对某些问题的判断有不同看法。如果不同点不影响整个问题的结论,可以把问题留待以后解决,项目可以照常进行;如果影响整个问题的结论,那就要重新进行调查分析。

可行性分析报告一旦通过,这个报告就不再只是系统开发人员自己的看法,而是整个组织的领导者、项目负责人、管理人员和系统开发人员的共同认识。因此,必须形成一个正式的报告文本和可行性论证会的结论。这个文本将成为以后工作的依据。它不但明确规定了系统开发工作要达到的目标、工作量、进展要求,而且规定了所需要的资源条件以及开发工作与各方面的关系。

2.3　环境信息系统设计

设计是指人们对所掌握的内容在具体实施之前进行规划和制订实施方案的过程。系统设计的主要任务是在系统分析的基础上,对系统进行总体布局、结构安排、制订方案和实施细则。

和其他信息系统设计一样,环境信息系统设计也是在系统分析的基础上进行具体设计的过程,同样是选择最佳实现方案的过程。其主要工作为总体设计,要在满足系统总体功能的前提下,将系统划分为若干个子系统进行详细设计,使系统结构和数据组织尽可能合理,并使系统实施简单、灵活、可靠且经济。为了能制订一个比较完善的系统设计方案,不仅需要认真地进行用户需求的详细调查,明确系统的具体目标与功能,还需要在现有技术条件、现有数据条件和用户需求等几个方面之间寻求平衡。

系统设计要求达到以下三个主要目的,即调高系统的实用性、降低系统开发应用的成本和提高系统的生命周期。信息系统的设计主要包括如下四个方面的问题:①系统总体结构框架设计;②代码设计;③文件或数据库的设计;④进一步整理和规范化分析阶段的结果,制订出具体、详细的系统处理模型和系统实施方案。

2.3.1　设计方法

环境信息系统的设计方法与一般信息技术(IT)设计类似,因此在系统建立的初期可以使用一些 IT 的设计方法,如生命周期法、自顶向下的方法、需求分析法、原型法等,其中,生命周期法是将整个信息系统的开发过程划分为若干阶段,预先规定每一阶段的目标和任务,按一定准则顺次完成。以上这些方法大都采用线性模型,即把系统设计与实现视为没有反复、不能回归的单一发展过程,其缺点在于分析与设计的过程较长、见效迟、不易把握用户需求的变化。而环境信息系统的服务对象(即用户群)是多种多样的,是逐渐参与的,用户需求也是逐渐变化和发展的。因此,初期拟定的系统目标和数据规模等不可能一成不变,需要不断地进行修改、补充和完善。此外,GIS、RS 及 MIS 技术和计算机软件、硬件技术的发展很快,为跟上技术的最新发展要求对原有设计建立跟踪机制,及时修改和补充。这就决定了传统的 IT 设计方法并不适用于环境信息系统的设计。

目前,环境信息系统设计常采用原型法。原型法的原则是先确定部分基本需求,选择一个试验区,设计出一个初步方案,并用较短时间开发出一个能满足用户基本需求的实验性和示范性的系统雏形,即原型,搭建起一个系统设计和使用的基础平台。这个平台经用户试用,寻找该原型的缺点和不足,然后进行修改和补充,再次向用户演示,听取他们的意见并修改补充。如此反复,逐渐建成较为完善的系统。这样的系统设计和开发过程实际上是一个迭代的过程,而不是多数传统方法那样的线性过程。这种设计方法较适用于黄金信息系统工程建设。它的好处是通过一个示范系统,便于用户理解、试用和提出意见,还可以吸引用户参与系统设计工作。

2.3.2　设计内容和步骤

环境信息系统总体设计可以为整个系统确定整体框架和结构,它是系统研制工作的核心和系统开发的依据。总体设计方案指导系统开发的全过程,可以使系统开发的近期目标和远期目标得以实现,还可以使所涉及的系统达到优化。一般来说,一个优化的环境信息系统必须具有运行效率高、控制性能好、可扩充性强和数据的通用性好等特点。

环境信息系统总体设计的主要任务是根据系统总体目标来规划系统的规模和确定系统的各个组成部分,说明它们在整个系统中的作用和相互之间的关系,确定系统的软、硬件配置,规定系统采用的技术规范,并做出详细的经费预算和时间安排,以保证系统总体目标的实现。如果没有好的总体设计,就可能导致产生一个结构不良、功能无法满足要求的系统。这样的系统会产生各种各样的问题:或者存储的数据不能满足应用要求,或者重复存储,或者系统各个部分不协调,或者编码不便于使用等。因而,绝非是一个好的规范化的系统。尽管最初制订的总体设计方案反映了一定阶段对系统目标、功能、技术手段、用户需求等方面的认识,它是当时对所建系统的最高级和最全面的概括,但初期的系统设计只能是认识过程的一个起点,其中必然会包含许多不足之处,有待在开发实施过程中、在系统使用的某个阶段逐步修改完善。

系统总体设计的内容主要包括用户需求调查分析、逻辑设计和物理设计等。

系统总体设计的步骤主要包括:

(1)用户需求的调查分析,撰写用户需求分析报告书;

(2)总体设计方案的编写;

(3)总体设计方案的论证和审批。

其中,总体设计方案的编写包含了系统结构设计,数据库设计,数据规范化,系统标准化设计,系统软、硬件配置,系统开发计划,经费概预算和组织实施以及对一些不可预见的情况做出恰当的估计等工作。

2.3.3　逻辑设计

在调查分析用户需求的基础上,明确系统的目标,弄清用户需要解决什么问题和各个阶段达到的要求,从而提出系统的逻辑模型,就是把一种计划、规划、设想通过视觉的形式通过概念、判断、推理、论证来理解和区分客观世界的思维传达出来的活动过程。逻辑设计比物理设计更理论化和抽象化,关注对象之间的逻辑关系,提供了更多系统和子系统的详细描述。逻辑模型的基本成分是系统总体逻辑结构、子系统的划分和功能分析,可用文字、数据流程图和其他有关图、表进行描述。

环境信息系统的硬件主要是指系统运行的设备环境,包括计算机、输入输出设备、网络设备和不间断电源。其中计算机包括存储磁盘、光盘驱动器、移动硬盘,输入设备包括手扶跟踪数字化仪或扫描数字化仪、输出设备包括绘图机、打印机等。

环境信息系统软件包括系统软件和应用软件两大部分。前者主要是指计算机操作系统软件,如 PC 机上的 Windows 98、Windows 2000、Windows XP 等,图形工作站上的 Unix、HP、SGI workstations 等。后者包括 GIS、RS 和 GPS 软件,即各种商品化的基于 PC 机或图形工作站的 3S 工具和在此基础上专为某一个环境信息系统实现二次开发的软件,如 MapObject 和 Mapx 等,包括各种功能模块和各种应用用户界面。应用软件一般应具有数据采集与输入、数据存储与管理、数据处理与分析、系统生成与输出等基本功能。

与一个环境信息系统有关的人员包括系统开发人员、系统运行和维护管理人员、操作人员与最终用户等。

通常,一个环境信息系统由若干子系统组成,这些子系统可以分为两大类,即基础信息子系统和专题信息子系统。基础信息子系统是环境信息系统中所有其他子系统的公共基础,用于存储、管理和应用基础信息,为其他子系统提供统一的空间定位基础和专题信息的空间载体;其他子系统均属于专题信息子系统,用于存储、管理和应用某一类专题信息,这些子系统借助统一的空间定位基础信息,实现专题信息之间的配准和叠加分析处理。一个环境信息系统必然包含一个基础信息子系统和一个或几个专题信息子系统。

显而易见,基础信息子系统是环境信息系统中最重要的子系统之一,应予以优先设计和开发,并考虑及时投入使用。一般情况下,一个环境信息系统只能集中统一开发一个基础信息子系统,不应重复建设。专题信息子系统的内容和数量要视各地区及部门的具体情况和用户需求而定。

由于环境信息系统对生态环境保护规划、管理和决策等能起到重要作用,它与办公自动化系统和管理信息系统等也会有密切的关系,因为一些公众信息需要及时发布。在某些情况下,需设置它们之间的接口,从而实现相互访问和信息共享;也可将办公自动化系统作为环境信息系统的一个组成部分,使两者集成为一个有机整体。

2.3.4　物理设计

数据库的物理设计指数据库存储结构和存储路径的设计,即将数据库的逻辑模型在实际的物理存储设备加以实现,从而建立一个具有较好性能的物理数据库,该过程依赖于给定的计算机系统。在这一阶段,设计人员需要考虑数据库的存储问题,即所有数据在硬件设备上的存储方式以及管理和存取数据的软件系统数据库存储结构,以保证用户以其所熟悉的方式存取数据并了解数据在各个位置的分布方式等。

要依据逻辑设计的结果进行物理设计,即营造系统运行的内外部物理条件。环境信息系统物理设计主要是确定系统的物理结构、使用的技术手段、所需要的条件和资源以及实施的步骤和时间进度等。具体包括数据库实体设计、标准化设计、软硬件配置、系统开发计划、经费预算和组织实施等。

2.3.4.1　数据库设计

数据库(Database)是按照数据结构来组织、存储和管理数据的仓库,它产生于距今六十多年前,随着信息技术和市场的发展,特别是 20 世纪 90 年代以后,数据管理不再仅仅是存储和管理数据,而转变成用户所需要的各种数据管理的方式。数据库是环境信息系统的核心组成部分,一个系统可以具备一个或多个数据库。按数据类型及应用功能可将数据库分为基础数据库和专题数据库两大类,它们都包含空间型数据和描述性的属性数据。一般来说,数据库设计和建设的工作量及其消耗的经费会占整个系统设计、建设工作量和经费的大部分,甚至能达到 $60\% \sim 70\%$。数据库设计质量的好坏,不仅影响到系统建设的速度和成本,而且影响到系统的应用、维护管理和数据更新。

环境信息系统的数据库依其信息内容可分为两大类:基础信息数据库和专题信息数据库。

基础信息数据库大都是空间数据库,它的主要是内容与环境相关的大比例尺和中比例尺地形图的数字化数据,辅之以其他基础性的社会、经济等属性信息。

专题信息数据库是针对某一专门的用途确立的关系数据库,主要是用专题信息数据(图形或统计数据)建成的数据库,也可以是空间数据库。依其不同专题内容又可进一步细分为若干子库(或分库),如环境保护管理信息数据子库、环境规划管理信息数据子库、地籍信息数据子库、林业产权管理信息数据子库、交通管理信息数据子库和建筑管理信息数据子库等。

　　环境信息系统数据库和数据子库与环境信息系统的各个子系统之间有着密切的联系。基础信息数据库除作为基础信息子系统的主要组成部分外,它还要与专题子系统连接,向它们提供有关基础数据。各种专题数据库或数据子库除作为相应子系统的主要组成部分外,也可能被其他子系统调用。因此,应考虑各个子系统的需要,遵循数据共享和信息通达原则,对环境信息系统的数据库进行统一设计和建设,不应仅按子系统需求分别设计和建设各自的数据库,否则会增加储存数据的冗余度。

　　环境信息系统数据库设计的基本要求包括:

　　(1)应用程序不依赖于数据库中的数据组织方法和存放位置,即数据独立。这通常包括两种含义:其一是不同的应用程序可按其所需的数据结构去访问库中的数据;其二是当库中的数据组织发生变更时,不需要重新编写或修改已有的应用程序。

　　(2)应该对大量的数据体用非冗余结构予以定义,并根据需要使其能同时为不同用户使用。

　　(3)对于空间数据可引入如 ESRI Shapefile 一类的数据管理与组织模式,对于一些多媒体流文件可通过数据库定义实现与外部多种数据源的连接。

　　(4)在插入、修改和删除数据元素时,数据元的结构、相互关系和从属性应保持不变。

　　(5)系统应对库中数据的存取进行控制,防止无关用户对数据的非法存取以及有意或无意的破坏,以保证数据的安全性。

　　(6)系统要保证数据在逻辑意义上的正确性、有效性与兼容性。因此,系统要提供各种保护手段,如数据差错的检查与修复等,以防止任何可能危害完整性的情况发生。

　　(7)要有一些辅助程序,用于数据库的维护以及经常性的组织和必要时的数据库恢复操作。

　　(8)要便于用户对数据进行独立的写入、修改、补充和删除,使系统具有不断扩充和更新的能力。

2.3.4.2 标准化设计

　　环境信息系统标准化设计是按照已有的相关国家标准、行业标准和地方标准,针对不同地区和不同部门的实际情况、系统目标和用户需求,制定规范化和标准化文件,是总体设计的一个组成部分。环境信息系统规范化和标准化设计的内容包括:

　　1)地理定位与多边形控制系统

　　地理定位控制主要指环境信息系统中各种与地理位置有关的信息的平面控制系统和高程控制系统,两者都应当是统一的,或者是可转换为一种确定的定位控制系统。统一的地理定位控制是各类环境地理信息空间定位、相互拼接和配准的必备条件。

（1）平面控制系统。

平面控制系统是最基本的地理空间定位系统之一，用于确定各种自然和社会经济要素的平面空间地址和地理平面位置，正确反映真实世界各种实体之间的平面位置关系。

现有各类环境地图和有关数据所采用的平面控制系统是多种多样的，除地理坐标系统（经度、纬度）外，大致分为全国统一平面直角坐标系统和独立坐标系统两大类。独立坐标系统是由各行业或单位自行确定的以某一特定点为原点的平面直角坐标系统。一般来说，独立坐标系统与全国统一坐标系统通过已知参数的平移和旋转运算，可以相互转换，如目前我国基础地理信息大都以大地坐标和兰伯特（lambert）投影为基础。

设计环境信息系统时，应当选定一个平面控制系统作为整个系统的统一的平面控制基础。如果选用独立坐标系统，还应确定它与全国统一坐标间的转换参数。用于建设环境信息系统的各种地形图、专题地图和其他有关数据均应归一到这一个统一的平面系统中。

（2）高程控制系统。

高程控制系统是地理空间定位的另一重要系统，用于确定各种自然和社会经济要素相对于某一起始高程平面的高度（高程）。高程控制系统与上述平面控制系统结合，可用来正确反映真实世界中各个实体之间的三维空间关系。

高程坐标系统也有全国统一高程系统和独立高程系统之分。独立高程系统与全国统一高程系统之间通过已知的高程改正参数，可以互相转换。设计环境信息系统时，应当选定一个高程系统作为整个系统的高程控制基础。如果选用独立高程系统，应确定它与全国统一高程系统间的高程转换参数。所有地形图以及与高程有关的各种专题地图和其他数据，均应归一到这个统一的高程系统中。

（3）区域多边形控制系统。

在环境信息系统中常需要按特定的多边形区域对信息进行检索和分析，例如按行政单元分析人口分布特征，按开发区分析社会经济活动等等。这就要求系统设计统一规定的区域多边形系统。如城市环境的区域多边形划分可以不同，常用的有按行政区划分的市、区（县）、街道办事处和居民委员会区域的多边形系列；按建筑群体划分的小区和街区多边形；按活动性质划分的开发区、金融贸易区、商业区、文化区、旅游区和居住区多边形等。应当规定各种多边形区域的界线、名称、类型和代码，形成统一的区域多边形控制系统。

2）图形数据的分类和编码

依据下列现有国家标准和相关标准，确定统一的图形数据分类与编码。

图形数据的分类码应包括基础信息及各类专题信息图形数据的分类和代码。其

中对 1∶500～1∶2000 的基础信息数据分类码执行国标 GB14804－93 的规定,1∶
5000 及更小比例尺的基础信息数据分类码执行国标 GB13923－92 的规定,要注意
建立这两者之间分类和编码的转换关系。各专业类别的数据分类与代码,如环境质
量、公共设施、公安、社会经济等,凡已有标准的,应执行国家标准和行业标准;否则,
可以制订临时的分类与编码方案,列出临时分类代码表,待相应国家标准颁布实施后
再予以转换。

图形数据的标识码用于对主要要素的标识,如宗地、地块、建筑物、河流、海域、道
路、公共设施等,都应编写标识码。其中道路、道路交叉口、街坊、市政工程管线的标
识码应遵照国标 GB14395－93 规定的编码结构规则,结合地区平面几何图形特点和
应用习惯,首先确定定位分区代码(即方位码),再分别确定各类要素实体的代码结
构,从而构成这几类地区地理要素标识码。

其他各种地理要素在尚未发布国标前,可参照 GB14395－93 的规则先行编制临
时标识码,待国标颁布后再转换。这项工作要求详细列出环境信息系统所应包容的
全部标识码清单。

3)属性数据指标体系

属性数据指标体系的标准化设计包含两方面的内容,一是针对某类图形数据的
属性信息所做的属性项设计,二是确定每个属性项的属性值指标。属性项设计是与
业务管理内容紧密结合的,一般也应有一套标准,但针对不同的行业部门、不同管理
等级的用户,其项目多少可以选择。一般都依据现有的国家标准、行业标准或地方标
准来确定本行业、本系统所涉及的属性项和属性值的标准分级或指标值。

4)数据分层方案

各类数据库或数据子库的数据,应根据具体情况和用户需求,采用分层的办法存
放。分层存放有利于数据管理和对数据的多途径快速检索与分析。数据分层的原
则为:

(1)同一类数据放在同层。

(2)相互关系密切的数据尽可能放在同层。

(3)用户使用频率高的数据放在主要层,否则,放在次要层。

(4)某些为显示绘图或控制地名标记位置的辅助点、线或面的数据,应放在辅
助层。

(5)基础信息数据的分层较细,各种专题信息数据则一般放在单独的一层或较少
的几层中。

基于上述原则,制订出统一的数据分层方案,规定统一的层名、层号、数据内
容等。

5)数据文件命名规则

一个环境信息系统包含有大量的数据文件。为保证对数据文件进行有效管理和

便于查询检索,使其不发生混淆现象,应按规定对文件命名。文件名称应能清晰地反映数据库的代码,以及数据的层名、层号、图幅号和数据加工处理的阶段等。

为防止文件名称过于冗长,可以采取分级管理的办法,即将数据库代码、图号或图名代码作为主目录名,其他部分在主目录下的再以文件形式命名。

6)统计单元

统计数据是环境信息系统的重要信息源之一。有的统计数据受历史因素局限,大多缺少能精确定位的标志,或者是以较大的行政区为单位统计的,这样的信息仅限于统计分析计算,不能进行空间定位和空间分析。某些统计数据基于特定的统计单元,可以进行空间定位,但不同统计数据间因统计单元不相匹配而无法进行相关分析。因此,现有统计数据往往不能完全适应现代空间信息系统的要求。而统计数据是环境信息系统不可缺少的组成部分,特别是很多专题信息,都是用统计办法采集数据的。因此,要根据地区和城市特点,设计统一的空间定位统计单元,并相应地在统计表中增加统计单元代码数据项。空间定位统计单元可以是规则的格网,也可以是根据一定条件划定的多边形,视不同的数据内容而定。

7)技术流程和质量控制

对一个环境信息系统而言,其系统建设的整个流程及每个阶段的质量检查与质量控制应该是标准化的。标准技术流程是建立在实践基础上的、最优化的工艺技术过程,是保证系统建设进程和系统质量的重要手段。大规模系统还可根据设计方案编写技术实施方案,以控制和指导系统的开发工作。质量控制标准应该是多方面的,从系统设计、数据源、数据采集、数据处理直至系统开发完成,均应有严格的质量控制指标和检查措施。

不同子系统的质量控制指标可以是不一样的,但必须有相应标准用于控制。

2.3.4.3 硬件、软件配置

环境信息系统硬件视系统规模可有大、中、小三种配置。

1)规模较大的系统

可以采用一台服务器和多台图形工作站及 PC 机联网。根据数据量配置较大容量的磁盘或磁盘阵列,并配置若干台手扶跟踪数字化仪、扫描数字化仪、绘图机等外部设备。

2)中等系统

可以用图形工作站作为服务器,与若干台 PC 机联网。工作站配置较大容量的磁盘,并配置适当数量的手扶跟踪数字化仪或一台扫描数字化仪,以及彩色打印机等外部设备。

3)小规模系统

用一台 PC 机或若干台 PC 机联网,配置适当规模的磁盘,并根据近期和中长期的需要,配置手扶跟踪数字化仪或扫描数字化仪。

　　软件包含计算机操作系统软件、3S 基础软件和应用分析模型软件等。操作系统软件既要与所选计算机相匹配,又需要支持所选地理信息系统、遥感处理等基础软件。如地理信息系统应用软件可以完成自行开发,也可以引进一套商品化的通用的地理信息系统基础软件,并在此基础之上进行二次开发。

　　由于时间和技术力量限制,通常不采用自行开发全部应用软件的技术路线。在引进商品化通用地理信息系统基础软件时,无论是国产软件还是国外软件,均应选择工艺成熟的、功能和性能都能满足系统建设需要的软件,同时要便于进行二次开发;软件技术支持服务好,能不断进行版本升级;能支持汉字处理,且具有较高的性能价格比。二次开发主要是根据系统功能和系统应用的目标要求,对通用基础软件进行功能的集成、扩充和用户界面的开发等,以便用户通过简单操作,就能完成需输入多条命令才能完成的处理工作,使用户无须记忆多条命令和进行复杂操作。

　　此外,应增加某些用户需要而基础软件中尚不具备的功能。应用分析模型软件则根据环境信息系统实际分析应用的需要,逐步进行开发和扩充。

　　在配制环境信息系统软、硬件方面,切忌在系统刚开始调研、设计时就购买设备和软件,避免贪多求高,杜绝一次性将所有可能需要的设备全部购进。应当在系统目标明确和完成初步设计之后,才开始根据开发阶段的需要,分期分批地购买设备和软件,以免造成浪费和设备过早地停用。在总体设计中应列出系统软、硬件最终配制清单和框架图,并确定分阶段购置计划。

2.3.4.4　系统开发计划、经费预算和组织实施

　　环境信息系统开发是一项大型系统工程,特别是环境空间信息系统,它的开发周期长,经费投入高,见效较慢,并且相对于一些信息系统来说组织实施工作相对复杂。在开发环境信息系统时,必须注意到用户对系统的需求认识和应用能力是一个逐步提高的过程,也应该考虑到不同子系统间有相互制约的特点。

　　为充分利用有限的投资经费,使系统的社会效益和经济效益得以体现,应当按照系统工程的方法,将系统开发的最终目标划分为若干实施阶段,制订出切实可行的开发阶段计划。一般来说,第一阶段先开发统一空间基础信息的基础信息子系统和数据库,同时开发一两个重要的、急需的专题子系统,如环境管理、生态规划管理、用地管理等。在功能上,首先要实现对数据的查询检索、维护更新、信息咨询、数据提供和计算机制图等一般性通用功能。第二阶段开发其余专题子系统,扩展系统功能并开发分析应用模型。第三阶段进一步完善系统功能,实现系统集成和联网,并能对外发布,最终构成整个系统。

　　环境信息系统的开发经费主要用于购置硬件和购买软件,采集数据和建立数据库,开发行业地理信息系统应用软件和分析应用模型,运行和维护系统,更新和扩充数据、软件或硬件,以及管理开支等。在该过程中应当避免两种偏见:一是只重视购买软、硬件的经费投入,忽视数据采集和应用软件开发的经费安排;二是只重视系统

开发的经费投入,忽视甚至不考虑系统建成后的更新、维护和扩充的经费需求。

环境信息系统作为环境管理现代化的重要基础,它的开发经费应主要来自政府机构或有关主管部门,也可以争取领导部门拨款、公司和企业投资或有关国际组织机构的贷款。

环境信息系统开发设计的技术领域和专业领域宽广,部门较多,加上各地情况千差万别,因而组织实施工作不能千篇一律,要建立多种开发模式。明确地说,当地政府和有关主管部门领导的重视及其对系统开发的组织协调是十分重要的,甚至可看成是系统存亡的关键。环境信息系统的建立应当在政府及有关主管部门的统一领导下进行,最好成立由政府主管部门行政领导和技术负责人组成专家组,实现对系统开发的指导和监督,并及时处理显现出来的技术问题和非技术问题。环境信息系统的基础信息子系统必须由政府责成主管部门优先统一开发,从而向各专业部门提供标准化权威的基础数据,杜绝不同部门重复采集基础数据的做法。环境信息系统的专题信息子系统也应以各专业主管部门为主,联合有关部门共同建设,以使其具有权威性。专题信息子系统也应杜绝重复建设现象,各种专题数据库应当由各个专业子系统共享,所需的基础信息则应来自统一建设的基础数据库,而不应是其他来源,这已是多年来涉及信息技术应用与开发的众多仁人志士的共识。

环境信息系统属高新技术,它的建设技术难度较大。由于各地技术基础不同,其系统开发也会有多种模式,常见的开发模式有下列三种。

(1)完全自主开发。从系统的组织、策划,总体设计,详细设计,软、硬件购置到数据库建设和应用软件开发等,完全依靠用户单位本身的技术力量独立完成。这就要求该单位拥有专业素质好和开发水平较高的系统开发队伍。其优点是熟悉用户需求情况和具有业内特点,节省经费,本身技术水平能迅速提高,系统建成后的维护、更新、升级也比较有保障。但这一模式对用户单位的技术要求很高,就我国现状而言,多数地方尚不具备这类条件。

(2)全盘委托开发。整个工程从设计到实施完成均由选定的某一个或几个具备技术实力的单位开发,用户单位分派部分技术人员参与开发的全过程,了解掌握系统开发结果。开发完成之后,交给用户单位使用。如此开发的工程称之为"交钥匙工程"。这种方法的弊端明显,比如有开发单位进行用户调查深入了解用户单位的业务情况和需求,而系统交付使用后,用户单位几乎无法对系统做长期的维护、更新和升级工作,所开发的系统功能不见得适用,且系统开发的费用相对较高。可以说这是一种不理想的开发模式,这一点我们在相关几个项目合作中已有体会。

(3)联合开发。系统开发工作由用户单位和信息系统专业单位联合承担,由双方的技术人员组成联合开发组,在系统开发的每一阶段,均应进行详细的讨论和共同动手开发,使用户单位技术人员掌握系统开发的整体框架和技术细节,并逐步由配角转变为主角。这一方法的优点在于通过联合开发,可迅速的为用户单位培养出一支自己的队伍,能自己运转,并能长期对系统进行维护、更新和升级。这是一种比较适合我国国情的开发模式。

2.3.4.5 总体方案论证和审批

方案论证要经过专家会议大会通过,专家论证委员会可由知名的信息系统专家、计算机和有关专业的专家组成。其职责是通过阅读文本和听取设计人员的报告,从技术角度对总体设计方案进行审查,评价设计目标是否符合用户需求,技术路线是否合理先进,技术措施是否可行,设计有无重大技术问题,软、硬件配置,进度设计和经费预算是否恰当等,并提出补充修改的意见。

通过专家论证的总体方案还需经上级主管部门审查,从行政管理角度审查系统目标的经费投入和进度安排是否符合要求,对组织实施也要提出指导性意见,并批准实施。环境信息系统总体设计方案应包括总体设计方案文本及其附件,如图形信息分类代码表、属性信息指标体系等。总体设计方案需经专家论证委员会论证通过和主管部门审查批准,才可付诸实施。

2.3.5　子系统设计

环境信息系统子系统设计是根据总体设计方案确定的目标和阶段开发计划,对系统进行详细设计,用于指导子系统开发。子系统设计前的用户需求调查与总体设计前的用户调查既有关系,又有区别。这一阶段的用户需求调查要充分利用以前调查分析的结果,特别是与子系统主题相关的部分,并对用户再作进一步的专题性调查,弄清用户在相应专题方面的业务情况和对系统的应用要求,将此作为子系统设计的依据。

子系统设计的内容主要包括:子系统逻辑结构设计、数据库设计、功能模块设计和用户界面设计等。子系统设计应比总体设计更加详细具体,可操作性更强,是能够直接指导实施的文件。

1. 子系统逻辑结构

与总体设计的逻辑结构相类似,每个子系统的逻辑结构主要包括硬件、软件、数据库和人员。根据该子系统的功能和规模,具体确定设备及软件的类型和数量,并制订分期分批的购置方案。

基础信息子系统数据库为其他各专题子系统共享;专题子系统数据库由专题数据子库和基础数据子库构成。前者除图形数据外,还包括专题属性数据,后者则是从基础信息子系统数据库提取相关数据而派生的。

有关人员包括子系统设计开发人员、子系统运行和维护管理人员、操作人员及最终用户等。专题子系统逻辑结构还需要熟悉本专题业务的专业人员参与设计和开发。

2. 子系统数据库设计

环境信息系统子系统数据库设计的主要内容包括:①数据源的分析与选择;②数

据采集技术及方式的确定;③属性项的选择、定义和属性文件的建立,与有关数据库的链接;④数据质量控制和检查验收规定;⑤数据更新的技术方法;⑥数据采集前的预处理;⑦数据编辑处理和拓扑关系建立;⑧平面坐标的配准、投影参数设置、与国家统一坐标系间的转换;⑨数据接边处理等。

3. 子系统功能模块设计

每个子系统除应具有如数据输入、图形或属性信息的查询检索、数据处理与分析、坐标变换和投影转换、图形图表显示或输出以及数据更新等通用功能外,还应针对各个不同的专题子系统,设计专题应用和辅助业务管理功能。如环境管理子系统应具备辅助环境管理事务处理的功能,包括公文管理、环境规划、生态保护、环境监测、污染治理、环境评价和环境预测等。每一项管理业务均要按照规范化工作流程设计出功能模块进行开发。

4. 子系统用户界面设计

为便于用户操作和将主要精力用在应用上,避免记忆系统软件和基础软件的复杂命令,并提高效率和简化操作,应在子系统功能模块设计的基础上,开发全汉化的菜单式或图形化的用户界面,做到易懂、易学、易掌握。

2.4　环境信息系统的界面设计及测试

2.4.1　界面设计

一般采用汉字功能菜单选择、联机帮助、出错提示等与用户友好的方法。在条件允许的情况下,可考虑增加自学习、自适应功能,以提高系统智能化的程度。

用户界面设计的原则是:

(1)简单化,即界面一目了然,操作手续简单,尽量减少需要用户输入参数。一些参数的选择、工作模式的设置可在一般情况下屏蔽起来,而作为系统管理员的工作方式,不必与一般用户见面。

(2)采用环境管理术语,尽量贴近环境管理工作的实际。凡与用户见面的图、表应当模拟真实的图形和表格格式,遵从用户的工作习惯。

(3)支持用户批处理作业,即将几个连续工作的步骤集中起来,一次性的启动,减轻用户操作中重复操作的劳动强度。

总体设计中进行了功能设计、数据设计和界面设计后,就要书写总体设计文档,以交给系统建设负责人审查,以检验设计的质量,并作为信息设计的依据。

2.4.2　环境信息系统测试

开发系统所需时间通常较长,面对的问题极其错综复杂,因此,在系统建设周期的每个阶段都不可避免的产生差错。严格地讲,尽管在每个阶段结束之前都要通过技术审查,但并不可能发现所有的错误。如果在软件进入正式运行之前,没有发现并纠正软件中的大部分差错,则这些差错在今后的数据库监理等过程中会暴露出来,那时不仅改正这些错误的代价更高,还往往会造成很恶劣的后果。测试的目的就是在软件投入正式运行之前,尽可能多地发现软件中的错误,检验软件能否满足环境管理的数据处理和业务运行以及软件的可靠性的要求。系统测试是保证环境信息系统质量的关键步骤,它是对系统规格说明、设计、编写和集成的最后复审。

软件测试可分为两种类型,即黑盒测试和白盒测试。黑盒测试——如果已经知道了该系统应该具有的功能,可通过测试来检验是否每个功能都能正常使用;白盒测试——如果知道系统内部的工作过程,可通过测试来检验产品内部动作是否按照规格说明书的规定正常进行。

对于软件测试而言,黑盒测试法把程序看成一个黑盒子,完全不考虑程序的内部结构和处理过程,只检查程序功能是否能按照详细设计说明书的规定正常使用,程序是否适当的接收输入数据,产生正确的输出信息,并且保持外部信息(如数据库或文件)的完整性。黑盒测试又称为功能测试。

与黑盒测试法相反,白盒测试法的前提是可以把程序看成是装在一个透明的白盒子里,也就是完全了解程序的结构和处理过程。这种方法按照程序内部的逻辑测试程序,检验程序中的每条通路是否能按预定要求正确工作。白盒测试又称为性能测试。

粗看起来,不论采用上述哪种测试方法,只要对每一种可能的情况都进行测试,就可以得到完全正确的程序,这种包含所有可能情况的测试称为穷尽测试。对于实际程序而言,穷尽测试通常是不可能做到的。

2.4.3　软件测试的步骤

除非是测试一个小程序,否则,一开始就把整个系统作为一个单独的实体来测试是不能实现的。与开发过程类似,测试过程必须分步骤进行,每个步骤在逻辑上是前一个步骤的继续。

软件测试通常包括三个阶段,即单元测试、综合测试和验收测试。在编写出每个模块之后就对它做必要的测试,称为单元测试。在这个测试步骤中所发现的往往是编程和详细设计的错误,模块的编程者和测试者可以是同一个人。这个阶段结束之后,对软件系统要进行综合测试。在这个过程中不仅应该发现设计和编程的错误,还应该验证系统能否提供需求说明书中指定的功能和所涉及的数据质量与精度,通常由专门的测试人员承担这项工作。而验收测试是把软件系统作为单一的实体进行测试,目的是验证系统确实能满足用户的需求,在这个测试步骤中发现的往往是系统需求说明书中的错误,测试人员应由环境管理人员和高级计算机技术人员组成。

在系统测试之前要做下面两件事情:一是向需求者提供需求说明书、设计说明书和源程序清单等资料;二是调试者写出测试计划和测试方案。所谓测试方案不仅仅是测试时使用的输入数据,还应该包括每组输入数据预定要检验的功能,以及每组输入数据预期应该得到的正确输出。测试结束后,测试者要编写测试结果报告,编程人员及时解决所发现的问题。

1. 单元测试

单元测试集中验证软件设计的最小单元——模块。正式测试之前必须首先通过编译程序检查并且改正所有语法错误,然后以详细设计描述为指南,对重要的执行通路进行测试,以便发现模块内部的错误。

在设计测试方案时,基本目标是确定一组最可能发现某个错误或某类错误的测试数据。

本测试适合于白盒测试的逻辑覆盖法和黑盒测试的等价划分、边界值分析以及错误推测法。通常的做法是,用黑盒测试法设计基本的测试方案,再用白盒测试法补充一些方案。设计测试技术主要有以下几种方法。

1)逻辑覆盖

逻辑覆盖即对程序的所有逻辑过程进行详尽的测试,其中包括每一个语句、每一个判断结果与判定条件,检测程序是否能达到预定的结果。

2)边界值分析

使用边界值分析方法测试数据方案,首先应该确定边界情况,通常输入等价类和输出等价类的边界应该就是这种测试的程序边界情况。按照边界值分析法,应该选取刚好等于、稍小于和稍大于等价类边界值的数据作为测试数据,而不是选取每个等价类的典型值或任意值作为测试数据。

3)等价划分

等价划分是用黑盒测试法设计测试方案的一种技术。它是把所有可能的输入数据(有效的和无效的)划分为若干个等价类,合理地做出下述假定:每类中的一个典型值在测试中的作用与这一类中所有其他值的作用相同。因此,可以从每个等价类中只取一组数据。这样选取的测试数据最有代表性,最可能发现程序中的错误。

4)错误推测

错误推测法在很大程度上靠直觉和经验进行。它的基本想法是列举出程序中可能有的错误的特殊情况,并且根据它们选择测试方案。

以上介绍的基本方法各有所长,用某一种方法设计出的测试方案,可能最容易发现某些类型的错误,对另外一些类型的错误可能不易发现,即所谓方法的不可替代性。

2. 综合测试

综合测试有两种方法:一种方法是先分别测试每个模块,再把所有模块按设计要求放在一起结合成所要的系统,这种方法称为非渐增式测试法;另一种方法是把下一个要测试的模块同已经测试好的那些模块结合起来进行测试,测试完成后再把下一个应该测试的模块结合起来测试。这种每一次增加一个模块的方法称为渐增式测试,这种方法实际上同时完成单元测试和综合测试。

综合测试就是将模块按照设计要求组装起来,同时进行测试,主要目标是发现与接口有关的问题。例如,数据穿过接口时可能丢失;一个模块对另一个模块可能由于疏忽而造成有害影响;把子功能组合起来可能不产生预期的主功能;个别看来是可以接受的误差可能积累到不能接受的程度等。

3. 验收测试

经过综合测试,已经按照设计把所有模块组装成一个完整的软件系统,接口错误也已经基本排除了,接下来就应该进一步验证软件的有效性,即软件的功能和性能是否符合环境管理的要求,这就是验收测试的任务。

验收测试的目的是向环境管理部门表明系统能够像预定要求那样工作。验收测试的范围与综合测试类似,但是也有一些差别,例如:

(1)如系统网络性质相关的,还必须通过网络环境下测试。

(2)某些已经测试过的纯粹技术性的特点可以不需要再次测试。

(3)对用户特别感兴趣的功能或性能,需要增加一些测试。

(4)用真实的实地数据进行测试。

验收测试人员必须由环境管理人员和高级计算机技术人员组成。系统建设项目组应向验收组提供如下资料:系统工作任务书、系统关键计算说明、系统分析报告、系统软件源程序、系统设计说明书、系统软件使用说明书、系统数据字典、系统自检报告等。

验收组审核系统建设有关资料。审核方面有:

(1)资料文件完整性。

(2)数据编码、程序设计的规范性。

(3)程序的可靠性。

资料审核验收后要交还系统软件研制单位,验收组负责系统软件产权的保护。

验收测试一般使用黑盒测试法,应该仔细设计测试计划和测试过程,测试计划包括要进行的测试的种类和进度安排,测试过程则用规定检验软件是否与需求一致的测试方案。测试方案要考虑检测以下指标。

(1)系统效率,包括内存占用率,运行速度。

(2)系统运行结果的正确性,精度达到的指标。

(3)数据图表输出的规范性等。

通过测试要保证软件能满足所有功能要求,能达到每个性能要求。此外,还应该保证软件能满足其他预定的如可移植性、兼容性和可维护性等要求。

验收之后,要书写测试报告。检验测试报告要提供检测过程和监测结果数据指标。在这个阶段发现的问题往往和需求分析阶段的差错有关。为了确定解决验收测试过程中发现的软件缺陷或错误的策略,通常需要和环境管理人员充分协商解决。

2.5　环境信息系统维护

系统维护需要的工作量非常大,虽然在不同领域维护成本差别很大,但是,平均来说,大型系统的维护成本高达开发成本的四倍左右。目前,国外许多系统开发组织把60%以上的人力资源用于维护已有的软件。

由于环境管理信息系统的复杂性,环境管理的多部门特点和变异性,任何一个系统都不可避免地会出现各种故障,甚至有系统全面崩溃的可能性。系统局部不适应全局管理要求的现象总是存在的,因此,系统的维护对于发挥系统应有的功效是非常重要的。

系统维护的必备条件是,各级环境管理部门要保存一份完整的系统开发资料,这些资料包括系统分析、总体设计、详细设计、程序语句和语句注释、系统功能说明、系统测试报告、用户手册等文本和资料,没有这些文本和资料就不可能对软件做任何修改和开发。

2.5.1　系统日常维护

为使系统正常运行,避免造成损失,系统的日常维护必不可少,包括如下方面:

(1)系统软件全部要拷贝备份,重要系统软件至少复制两份,原始备份只在特殊情况下使用。

(2)系统使用的计算机不做他用。

(3)系统操作要有工作日记,记录每日工作内容,特别是对于发生故障时的系统各种状况要详加记录,便于故障原因分析。

(4)对于经常发生的故障,即使是属于操作不当的故障,也要考虑在系统软件平台上加以改进。

(5)系统故障发生后要报请主管人员,共同商讨排除措施,严防一错再错而导致系统不可恢复和数据丢失。

2.5.2　系统软、硬件维护

系统软件、硬件维护,是指软件已经交付使用之后,为了改正错误或满足新的需要而修改软件的过程。通常包括以下几项工作:

1. 改正性维护

因为软件测试不可能暴露出一个大型系统中所有隐藏的错误,所以在系统使用期间,使用人员必然会发现部分程序错误,并且把遇到的问题报告给维护人员。这种把诊断和改正错误的过程称为改正性维护。

2. 适应性维护

计算机科学技术领域的各个方面都在迅速发展,大约一年左右就有新一代的硬件宣告出现,经常推出新操作系统或旧系统的修改版本,时常增加或修改外部设备和其他系统部件;另外一方面,应用软件的使用寿命却很容易超过十年,远远长于最初开发这个软件时的运行环境的寿命。而适应性维护就是为了和变化了的环境适当地配合而进行的修改软件的活动。

3. 完善性维护

在系统使用过程中,管理人员往往提出增加新功能或修改已有功能的建议,还可能提出一般性的改进意见。为了满足这类要求,需要进行完善性维护。这项维护活动通常占软件维护工作的大部分内容。

4. 预防性维护

为了给环境信息系统软件未来的改进奠定更好的基础而修改软件,称为预防性维护。

2.5.3　系统故障分析

系统出现故障原因大致有以下几种类型:

(1)系统操作不当,未按操作说明要求操作。

(2)系统设计有缺陷,存在故障隐患,在特殊条件下爆发导致故障。

(3)操作系统因计算机"病毒感染"遭到破坏。

(4)系统现在环境与原系统设计要求环境有差异,发生不兼容问题。

(5)新的数据源带来数据更新上的障碍。

事实上,系统故障原因还有许多方面,系统一旦出现故障,就要依据出现故障的原因进行处理。

2.5.4　系统再开发与系统软件移植

系统的再开发与系统建设一样,同样遵循系统分析、开发和维护的相同步骤。若二次开发工作量小、目标单一,可以简化手续,经审核批准执行。再开发要注意对原系统软件与运行环境的保护。

一个系统从旧的操作环境移植的步骤是:

(1)需求分析和确定系统移植的要求。

(2)开发移植工具。

(3)软件和数据的转换。

(4)移植的执行。

2.5.5　系统分析文档规范

　　环境管理信息系统建设从筹划、研制及实现一般需要在人为和自动化资源等方面做重大的投资。为了保证项目开发的成功,最经济地花费这些投资,并且便于运行和维护,在开发工作的每一阶段,都需要编制一定的文件。这些文件连同计算机程序一起,构成系统软件。

　　系统建设过程中,一般要产生下列十几种文件:可行性研究报告;项目开发计划;软件需求说明书;数据要求说明书;概要设计说明书;详细设计说明书;数据库设计说明书;模块开发卷宗;用户手册;操作手册;测试计划;调试分析报告;开发进度月报;项目开发总结报告。

　　对于某个地理信息系统软件平台上做二次开发的环境信息系统,这些文件可适当合并与删节。《计算机软件工程规范国家标准汇编》中制定了这十四种文档的编制技术标准,有需要的读者可到汇编中查阅。

习　题

一、选择题

1. 环境信息系统设计的原则包括?(　　)
　　A. 系统性　　　　　B. 实用性　　　　　C. 科学性　　　　　D. 预见性

2. 环境信息系统开发中的可行性包括?(　　)
　　A. 经济可行性　　　B. 社会可行性　　　C. 技术可行性　　　D. 管理可行性

3. 系统建设可分为哪些时期?(　　)
　　A. 系统分析时期　　B. 系统开发时期　　C. 系统维护时期　　D. 系统测试时期

4. 系统开发时期可分为哪些阶段?(　　)
　　A. 总体设计　　　　B. 详细设计　　　　C. 系统测试　　　　D. 系统数据库建立

5. 系统总设计的内容不包括以下哪一项?(　　)
　　A. 用户需求调查分析B. 数据收集　　　　C. 逻辑设计　　　　D. 物理设计

6. 环境信息系统的子系统有哪些?(　　)
　　A. 公共信息子系统　　　　　　　　　B. 基础信息子系统
　　C. 数据信息子系统　　　　　　　　　D. 专题信息子系统

7. 环境信息系统硬件系统规模有哪些?(　　)
　　A. 规模微小的系统　　　　　　　　　B. 规模较大的系统
　　C. 中等系统　　　　　　　　　　　　D. 小规模系统

8. 系统常见的开发模式不包括以下哪一种?(　　)
　　A. 完全自主开发模式　　　　　　　　B. 全盘委托开发模式
　　C. 中途转交模式　　　　　　　　　　D. 联合开发模式

9.子系统设计的内容有哪些?(　)

　A.逻辑结构设计　B.数据库设计　　C.功能模块设计　D.用户界面设计

10.软件测试包括那些阶段?(　)

　A.单元测试　　　B.模块测试　　　C.综合测试　　　D.验收测试

11.设计测试技术有那些方法?(　)

　A.逻辑覆盖　　　B.边界值分析　　C.等价划分　　　D.错误推测

12.系统的软硬件维护包括哪些?(　)

　A.改正性维护　　B.适应性维护　　C.完善性维护　　D.预防性维护

二、名词解释

1.可行性分析　2.设计　3.逻辑设计　4.物理设计　5.地理定位控制

6.平面控制系统　7.高程控制系统　8.渐增式测试　9.综合测试

10.预防性维护

三、论述题

1.简述环境信息系统建设中容易出现的问题。

2.简述系统分析时期需要考虑的问题。

3.系统设计的目的有哪些?

4.简述系统总体设计的步骤。

5.简述环境信息系统物理设计的内容。

6.环境信息系统设计的基本要求包括哪些?

7.简述数据分层的原则。

8.系统的开发经费一般分为几个阶段?

9.系统的开发经费主要用于哪些方面?应注意什么问题?

10.简述系统开发常用的三种模式。

11.环境信息系统子系统数据库设计的主要内容有哪些?

12.用户界面设计应遵循那些原则?

14.与综合测试相比,验收测试的范围有哪些不同?

15.系统审核主要包括哪些方面?

16.系统的测试方案需要考虑哪些指标?

17.系统的验收人员需要哪些资料才能进行审核?

18.系统维护需要什么条件?

19.系统的日常维护包括哪些?

20.系统的出现故障的原因有哪些类型?

21.系统从的旧的环境移植的步骤是什么?

四、实践环节

系统调查:按 5 人一组,对你所在的学校或单位的组织机构展开调查,并就如何建立一个管理信息系统写出书面。

参考答案

第3章 环境信息系统制图基础

3.1 地图基本概念

3.1.1 地图的基本特征

地图是地球表面在平面上的缩写,这种说法简单、明白、易为一般人所了解。但是对外行来说,此说法往往易和照片或写景图混淆。因此,区别于其他地面图片的基本特征就是:构成地图的数学法则、制图综合、符号系统以及地理信息载负。

1. 数学法则

地球自然表面是一个高低起伏极不规则的球面,编制地图时,先将地球自然表面垂直投影到一个规则的球面上,再将这个规则的球面按一定的比率缩小展开成平面。但是地图是平面,这就产生了球面和平面的矛盾。解决矛盾的方法是运用地图投影的方法,即根据数学法则,有条件地将地球上的经纬网绘制到平面上,然后以此为基础填绘地理要素而构成地图,虽然在地图上表现出的地理要素的形状、大小、位置等和球面上有差异,但这种差异是有规律可循的,是和不同的投影方法相联系的。数学法则还包括比例尺,即任何地图都是按某种比例缩小的。所以,编制地图时只有按照一定的比例尺,运用地图投影的方法,才能使地面的点与地图上的点建立起对应关系,从而使地图上所表示的地理要素有可能反映出它们之间相对的方向、距离和面积等关系。常说地图有可量测性,就是由于它是以数学法则为基础而构成的。

2. 制图综合

地图缩小的倍率以千、万计。地图上所表现的地面景物,从数量上看是少了,从图形上看是小了和简化了,这就产生了地面上繁多的地理事物与图面有限容量之间的矛盾。那么,哪些应该表示,哪些不应该表示,应该表示的又详尽到何种程度。这些就要用制图综合来解决。制图综合的实质是有目的地力求表达地面上最重要、最本质的事物和它们的特征,舍去或简化次要的、非本质的内容。无论地图缩小到何种程度,其内容都要和地图比例尺及用途相适应,力求反映制图区域的地理特征,并保证面清晰易读。因此,编制地图时制图综合是影响地图质量的重要环节之一。

3. 地图符号系统

地理事物的形状、大小、性质等特征千差万别,十分复杂。如果全部按它们的原貌编绘在地图上,既杂乱无章,也不可能。须运用制图综合的原则与方法,对地理事物按某些共同特征进行分类和分级,加以典型化,并采用直接对视感发生作用的各种颜色、形状、大小和不同晕线的图案等组成地图符号;由不同的地图符号,配合相应的文字和数学说明,组成一个体系,即地图符号系统(也称地图语言)。以此向地图读者传输地理事物的空间分布及其质量和数量的特征等。地图上使用的这种形象语言,使地图具有了一目了然的直观性,这是任何文字形容描述所无法达到的。

4. 地理信息载体

地图是地理信息的载体。地图容纳和储存了数量巨大的信息,而作为信息的载体,可以是传统概念上的纸质地图、实体模型,可以是各种可视化屏幕影像、声像地图,也可以是触觉地图。

根据地图上述的基本特征,其定义归纳为:地图是按照一定的数学法则,将地面上的自然和社会经济现象,通过制图综合,用符号编绘在平面上的图形,以表达它们的数量和质量特征在空间上的分布以及时间上的变化。

3.1.2　地图的构成要素

构成地图的基本内容,叫作地图要素。它包括数学要素、地理要素和整饰要素(亦称辅助要素)及补充说明(见图 3.1)。

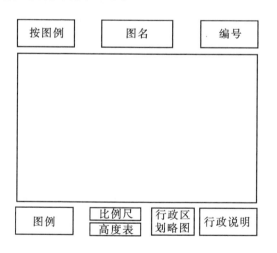

图 3.1　地形图要素

1. 数学要素

数学要素指构成地图的数学基础。例如地图投影、比例尺、控制点、坐标网、高程系、地图分幅等。这些内容是决定地图图幅范围、位置,以及控制其他内容的基础。它保证地图的精确性,作为在图上量取点位、高程、长度、面积的可靠依据,在大范围内能保证多幅图的拼接使用。数学要素对军事和经济建设都是不可缺少的内容。

利用地图投影能够把地球曲面上的点,一一对应地表示到地图平面上来。地图投影在地图图面上表现为坐标网。坐标网有两种:一种是经线、纬线组成的地理坐标系;另一种是平面直角坐标系。根据地图要求的不同,有些图有两种坐标网,有些图仅有一种坐标网。

2. 地理要素

地理要素是指地图上表示的具有地理位置、分布特点的自然现象和社会现象。因此,又可分为自然要素(如水文、地貌、土质、植被等)和社会经济要素(如居民地、交通线、行政境界等)。

专题地图的地理要素包括两部分:一为专题要素,依据主题内容的不同而不尽相同;二为底图要素;常选择普通地图上和主题相关的一部分地理要素,是衬托和反映主题内容的基础。

3. 整饰要素

整饰要素主要指便于读图和用图的某些内容。例如图名、图号、图例和地图资料说明,以及图内各种文字、数字注记等。

3.1.3 地图的类型

凡是具有空间分布的任何事物和现象,不论是自然要素还是社会现象,不论是具体客观存在的事物,如道路、河流,还是抽象假设的概念,如宗教信仰,都可以以地图的形式加以表现。地图可以按照它所表达的现象、比例尺大小、符号的特点、载体的不同、年代的不同等多种角度进行分类。

1. 按比例尺分类

地图比例尺内容的详细程度,决定着一幅地图包括的制图范围以及决定着地图量测的精度。目前我国地图按照比例尺大小划分为下面几类:

(1)大于等于 1:10 万比例尺的地图,称大比例尺地图;

(2)介于 1:10 万~1:100 万比例尺之间的地图,称为中比例尺地图;

(3)小于等于 1:100 万比例尺的地图,称为小比例尺地图。

2. 按图形分类

地图按其内容分为普通地图和专题地图。

1)普通地图

普通地图是一种通用地图,图上比较全面地描绘了一个地区自然地理和社会经济的一般特征。其表示内容有:水系、居民地、道路网、地貌、土壤、植被、境界线以及经济现象、文化标志等。普通地图又分为地形图和一览图。地形图,其比例尺大于 1:100 万,它的突出特点为:详细而精确,投影变形小,可以在图上进行量测。它是国家经济建设、国防建设和军队作战、训练的重要地形资料。这种图一般是实测的或根据实测图编绘的。

一览图是指比例尺小于 1：100 万的普通地图。内容概括,图形经高度综合,概略反映地区的自然地理和社会现象的基本特征,向读者提供区域的一般地理概况,也可作编制专题地图的地图。

2)专题地图

专题地图又称"专门地图"或"主题地图",是以普通地图为底图,着重表示某种或几种要素的地图,适用于某一专业部门的专门需要。专题地图通常分为自然地图、人口图、经济图、政治图、文化图、历史图等。

3. 按其制图区域范围分类

地图制图区域范围可按自然区域和行政区域两方面划分。

(1)按自然区域从整体到局部、从大到小进行分类可以包括多个层次:星球图或全球图;半球地图,如东半球地图、西半球地图、南半球地图、北半球地图等;亚洲、欧洲、非洲等大洲地图;大洋地图,如太平洋地图、大西洋地图、印度洋地图等;局部区域地图,如青藏高原地图、华北地区地图、四川盆地地图、黄河流域地图等。

(2)按行政区域可分为国家地图以及下属的一级行政区、二级行政区以及更小的行政区区域地图,如世界图、国家图、省(自治区、直辖市)地图、市县图和乡镇地图等。

4. 按地图的瞬时状态分类

地图按瞬时状态可分为静态地图和动态地图。静态地图所表示的内容都是被固化的,以静态地图来反映动态事物,可以借助于地图符号的变化或同一现象不同时段与静态地图的对比来实现。动态地图是连续快速呈现的一组反映随时间变化的地图,只能在屏幕上以播放的形式实现。

5. 按地图的视觉化状况分类

按地图的视觉化状况分类可分为实地图和虚地图。实地图是空间数据可视化的地图,包括纸介质和屏幕地图。它是将地图信息经过抽象和符号化以后在指定的载体上形成的。虚地图指存储于人脑或电脑中的地图,前者即为"心象地图",后者即为"数字地图"。实地图和虚地图可相互转换,如屏幕地图云存储在磁带上的数字地图。

6. 按其他指标分类

除上述分类外,地图还可按用途、语言种类、出版和使用方式、地图感受方式、历史年代划分。

按使用方式可分为桌面用图、挂图、易携图、广告牌图、车载电子图、手持 GPS 图(手持式全球定位系统接收机上的地图)等。

按制作方式可分为常规地图(非计算机设计制作出的地图)和数字地图(用计算机辅助设计制作出的电子地图)。

按显示形态可分为二维地图(平面图)和三维地图(立体图)。前者即常见地图,后者如光立体图(互补色图、光栅图)、立体模型图、计算机三维显示图、虚拟现实图(用虚拟现实技术制作的地图,通过头盔、数据手套等工具,形成有身临其境之感的地图)、晕渲立体图等。

3.1.4　地图的功能

地图的功能从总体上可归纳为认知功能、模拟功能、信息载负功能、信息传递功能等几个方面。

1.地图认识功能

地图的认识功能是由地图的基本特性所决定的。地图用符号和注记系统这种图像语言,按比例塑造出再现的地理环境中各个地理实体,给人一种形象直观和一目了然的感受效果,而且几乎不受自然语言文字和行业知识的限制,易为社会各界人士所识别,因此地图不仅具有突出的认识功能,成为人类认识空间的工具,而且在很多方面优于传递空间信息的其他形式。

认知功能包括通过图解分析可获取制图对象空间结构与时间过程变化的认识;通过地图量算分析可获得制图对象的各种数量指标;通过数理统计分析可获得制图对象的各种变量及其变化规律;通过地图上相应要素的对比分析可认识各现象之间的相互联系;通过不同时期地图的对比分析,可认识制图对象的演变和发展。发挥地图的认识功能,就要充分发挥地图在分析规律、综合评价、预测预报、决策对策、规划设计、指挥管理中的作用。

人们可以通过地图分析、地图量测,获取制图区事物现象的空间位置、长度、坡度、面积、体积、深度、密度、曲率、分率等具体的数量指标。运用数学方法、比较方法、归纳演绎方法对地图进行分析,可以获得各种制图对象的参数数据、历史变迁、区域规律性以及发展趋势。利用地图建立各种纵、横断面图,曲线图,直方图,金字塔图等图表,获得制图区事物现象的直观分布及随时间的变化情况。利用地图还可纠正不正确的空间概念。如在人们头脑中的"意境地图"上,大连和北京相比,北京靠南一些,实际上大连的纬度更靠南;在人们的印象中武汉长江大桥是一座南北向大桥,但实际上它是近于东西向的大桥。所以,通过地图可以获得各种不同的信息,地图具有可获取及认知信息的功能。

地图不仅能直观地表示任何范围制图对象的质量特征、数量差异和动态变化,而且还能反映各种现象的分布规律及其相互联系,所以地图不仅是区域性学科调查研究成果的很好的表达形式,而且也是科学研究的重要手段,尤其是地理学研究所不可缺少的手段,正如世界著名地理学家李特尔所说:地理学家的工作是从地图开始到地图结束。因此地图亦被称为"地理学第二语言"。运用地图所具备的认识功能,把地图作为科学研究的重要手段,愈来愈受到人们的重视。

2.模拟功能

地图作为再现客观世界的形象符号模型,不仅能反映制图对象空间结构特征,还可反映时间系列的变化,并可根据需要,通过建立数学模式、图形数字化与数字模型,经计算机处理完成各种评价、预测、规划与决策。

地图上所表示的内容实际上就是以公式化、符号化和抽象化对地理环境中地理实体的一种模拟,用符号和注记描述地理实体某些特征及其内在联系,使之成为一种模拟模型,如等高线图形就是对实际地形的模拟,从而使整个地图就成为再现或预示地理环境的一种形象符号式的空间模型,并与地理实体间保持着相似性。因此,也可以把地图看成是地面客观存在的一种物质模型。

除此之外,地图还可以被看作是一种"虚拟的模型",称之为概念模型。概念模型是对于实体的一种抽象和概括,又可以分为形象模型与符号模型。形象模型是运用思维能力对客观存在进行简化和概括;符号模型是运用符号和图形对客观存在进行简化和抽象的过程。地图兼具这两个方面的特点,被看作一种"形象-符号模型"。

地图所具有的模拟功能,能够在众多特征中,对所需要表示的对象抽取内在的,本质的特征与联系,即经过地图概括,制作成地图。因此,地图所具有的概念模型的特性,使得它在表示各种专题现象的分布规律、时空差异和变化特征时,是任何文字和语言描述所无法比拟的。因此,我们可以把专题地图都作为概念模型的一种实例。作为一种时空模型,地图还可以在科学预测中发挥强大的作用,比如气象预报、灾害性要素的变迁以及过程预测等。

3. 地图信息载负功能

地图是信息的载体,可容纳大量信息。地图既然具有模拟功能,则必然能贮存空间信息,成为空间信息的载体,无疑亦具有载负信息的功能。这种载负功能是通过应用地图语言——符号与注记系统,将制图区域内有关空间信息贮存于纸或其他介质平面上而实现的。

随着现代科学技术的进步,已发展到地图信息可以载于纸带、磁带、磁盘、缩微胶卷等介质上,这将有可能使人们从直接感受读取信息,发展到将来能由计算机读取信息,若此设想能实现,地图作为空间信息载体的功能将会得到更加充分的发展。

地图信息可以看作由直接信息(所谓第一信息)和间接信息(第二信息)两个部分组成:直接信息是地图上用图形符号直接表示的地理信息(在地图的模拟功能中已经提及),如道路、河流、居民点等;而间接信息则是经过分析解释而获得有关现象或物体规律的信息,比如,通过对等高线的量测、剖面图的绘制等获得的坡度、切割密度、通视程度等数据。在存储媒质方面,磁介质相比纸介质能贮存数量更为巨大的地理信息。

4. 地图信息传输功能

地图是空间信息的图形传递形式,是信息传输工具之一。地图生产使用就是一种信息传输,编图者(即信息发送者)把对客观世界(信息源)的认识经过选择、概括、简化、符号化(即编码),通过地图(即传输通道)传送给用图者(即信息接收者),用图者经过符号判断分析(即译码),形成再现的对客观世界的认识。显然,地图传输信息功能涉及编图者和用图者,制图和用图的整个过程。这就要求地图编制者要深刻认识客观世界,经过加工处理出现在地图上的信息要准确、易读,不出现伪信息,而地图用图者要懂得地图符号语言,正确分析判读,准确译码,没有信息错误。地图传输信息、功能把地图生产和地图应用连成一个有机的整体。地图的信息载负功能为地图具备信息传输功能奠定了坚实基础。就地图的功能而言,地图成为空间信息图形传输的一种形式,成为信息传输的工具之一(见图 3.2)。

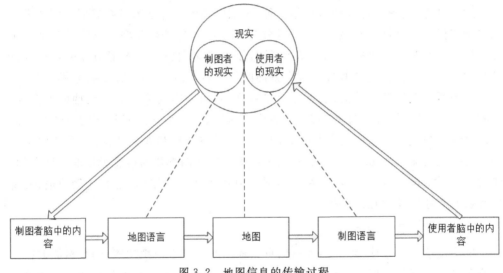

图 3.2　地图信息的传输过程

5. 感受信息功能

地图是信息的载体。从某种意义上来说,地图也是一个信息源。任何人都会对地图产生一个感受过程,不管是深刻的、浮浅的、直接的、间接的、专业的、一般的。地图具有视觉感受信息功能。制图是为了在实践中应用。从制图者的角度考虑,要从用图者对地图的感受过程和特点出发,分析其心理特征、视觉效果,研究使用怎样的图形符号、整饰效果,能最大限度地发挥地图的各种作用,表达最多的地图信息。采用不同的符号图形和图面整饰制作的同一制图区、同一主题的地图,对用图者将会产生不同的感受效果。相反,同一地图,对不同年龄、不同文化层次、具有不同地图知识的用图者,也将会产生不同的感受效果。所以,制图者一方面要考虑什么样的地图设计、符号系统,读者容易接受;另一方面,也要考虑不同的地图设计、符号系统,针对不同种类的读者。要从符号同符号、符号同制图对象、符号同用图者三种关系入手研究,作为地图符号系统设计、地图整饰的理论基础,从而得到最佳的地图感受效果,最优化地发挥地图感受信息功能的作用。

3.2 地图符号

3.2.1 地图符号的实质

符号是一种物质的对象、属性或过程,用来表示抽象的概念。这种表示是以约定的关系为基础的。地图符号是符号应用于地图的一个子类,它以视觉的形象指代抽象的概念,属于表象性符号。具有视觉特征及空间特征,以易于被人们理解并便于记忆的形式把客观对象表现在地图上,成为一种十分有效的信息载体。

客观世界的事物错综复杂,人们根据需要对它们进行归纳(分类、分级)和抽象,用比较简单的符号形象地表示它们,不仅解决了描绘真实世界的困难,而且能反映出事物的本质和规律。因此,地图符号的形成实质上是一种科学抽象的过程,是对制图对象的第一次综合。

人们用符号表现客观世界,又把地图符号作为直接认识对象而从中获取信息、认识世界,表现出具有“写”和“读”的两重功能。现代,很多地图学文献中常常把地图符号称为“地图语言”,这表明对地图符号本质认识的深化。人们已不仅仅看重地图符号个体的直接语义信息价值,而且十分重视地图符号相互联系的语法价值。这对于探索地图符号的性质、规律和深化地图信息功能具有重要的意义。当我们说“地图语言”的时候,就是强调这样一种观点:地图不是各个孤立符号的简单罗列,而是各种符号按照某种规律组织起来的有机的信息综合体,是一个可以深刻表现客观世界的“符号–形象”模型。

当然,我们最终还是应该把地图语言还原为符号,因为符号的概念比语言更本质化。地图符号与语言符号虽有本质上的共性,但地图符号有自己的特点,无论在符号形式上,还是在语法规律上以及表现信息的特点上都与语言符号不同。

3.2.2 地图符号的构成特点

地图内容是通过符号来表达的,地图符号是表示地图内容的基本手段,它由形状不同,大小不一,色彩有别的图形和文字组成。因此符号具有如下特点:

(1)符号应与实际事物的具体特征有联系,以便于根据符号联想实际事物;

(2)符号之间应有明显的差异,以便相互区别;

(3)同类事物的符号应该类似,以便分析各类事物总的分布情况,以及研究各类事物之间的相互联系;

(4)简单、美观、便于记忆、使用方便。

3.2.3 地图符号的分类

1. 按地图的几何性质分类

地图符号按地图的几何性质分类可分为点状符号、线状符号和面状符号(见图

3.3)。

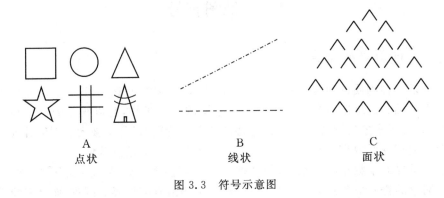

图 3.3　符号示意图

(1)点状符号指符号具有点的性质,不论符号大小,实际上以点的概念定位,而符号的面积不具有实地的面积意义。

(2)线状符号指它们在一个延伸方向上有定位意义,而不管其宽度。线状符号的长度与地图比例尺有关。

(3)面状符号具有实际的二维特征,它们以面定位,其面积形状与其所代表对象的实际面积形状一致,其所处范围同地图比例尺有关。

点和线的定位可以是精确的,也可以是概括的。符号的点、线、面特征与制图对象的分布状态并没有必然的联系。虽然在一般情况下人们总是寻求用相应的几何性质的符号表示对象的点、线、面特征,但是不一定都能做到这一点,因为对象用什么符号表示既取决于地图的比例尺,也取决于组织图面要素的技术方案。河流在大比例尺地图可以表现为面,而在较小比例尺地图上只能是线;城市在大比例尺地图上表现为面,而在小比例尺地图上是点。由于地图上要素组织的需要,面状要素也可以用点状和线状符号表示。如:用点状符号表示全区域的性质特征(分区统计图表、点值符号、定位图表);用等值线表现面状对象;等等。

2. 按符号与地图比例尺关系分类

地图符号按符号与地图比例尺的关系可将符号分为比例符号、非比例符号和半比例符号。制图对象是否能按地图比例尺用与实地相似的面积形状表示,取决于对象本身的面积大小和地图比例尺大小。只有在一定比例尺的条件下,制图对象的宽度或面积仍可保持在图解清晰度允许的范围内时,才可能使用比例符号。

(1)比例符号主要是面状符号,其形状、大小可按地图比例尺缩小。

(2)非比例符号则主要是点状符号,其形状、大小不依比例绘出,但符号的中心位置与实地的中心位置依不同的地物而异。

(3)半比例符号是指线状符号的长度依比例,而宽度无法依比例,一般符号中心线表示实地地物的中心位置,城墙、垣栅等地物中心在其底线上。

随着地图比例尺的缩小,有些比例符号将逐渐转变为半比例符号或非比例符号,因此不依比例符号将相对增加,而比例符号则相对减少。

3. 按符号表示的地理尺度分类

地图符号按符号表示的地理尺度可将符号分为定性符号、等级符号和定量符号。

(1)定性符号主要反映对象的名义(定名量表)尺度。从原则上讲,传统地图符号只能表现制图对象的四种特征:形状、性质、数量、位置。形状由符号的形象区分,位置由符号的定位性确定。虽然比例符号可以反映出对象的实际大小,但这种大小是由对象在图面上的形状自然确定的,所以普通地图符号除数字注记外绝大多数属于定性符号。

(2)定量符号是以表现对象数量特征(包括间隔尺度和比率尺度)为主的符号。凡定量符号都必须在图上给定一个比率关系(并非地图比例尺),借助这一比率关系可以目估或量测其数值。

(3)等级符号用来表现顺序尺度的符号仅表现大、中、小等概略顺序。地图上有些等级符号通过图例说明与相应的数量建立了联系,实际已具有了定量的性质。

4. 按符号的形状特征分类

地图符号按符号的形状特征可将符号分为几何符号、艺术符号、线状符号、面状符号、图表符号、文字符号、色域符号。这是依据不同图像形式对符号的分类,强调符号的形象特点。

(1)几何符号指用基本几何图形构成的较为简单的记号性符号。

(2)艺术符号是指与被表示对象相似,艺术性较强的符号,它可分为"象形符号"和"透视符号"两类。

(3)面状符号既可由各类结构图案组成,也可由颜色形成,但它们在视觉形式上不同,所以面积颜色可称为"色域符号"。

(4)图表符号主要是指反映对象数量概念的定量符号,它们大多由较简单的几何图形构成。

(5)文字本身是一种符号,地图上的文字虽仍然保留着其原有的性质,但它们毕竟又具备了地图的空间特性,因而无疑是地图符号的一种特殊形式。

3.3　地图概括

3.3.1　地图概括概述

地图概括又称制图综合,通过有目的地取舍和简化,表示制图区域或制图对象最主要的、实质性的特征和分布规律,是地图编制中地图内容取舍和简化的原理与方法。地图概括不是机械地、简单地缩小和取舍的技术操作,而是一个科学的创造性过程。

3.3.2　地图概括的影响因素

影响地图概括的因素包括客观因素和主观因素两部分。客观因素主要有地图的用途、比例尺、制图区域的特点、制图资料的质量、地图符号的形式和大小等。显然，制图者个体对客观要素的认知过程的差异，必将影响到地图的综合。所以制图者个体对客观世界认识的程度和经验（主观因素），也是影响地图概括的重要因素。

1. 地图的用途和主题

地图的用途和主题不同，在图上表示空间数据的种类、数量、质量以及简化程度不同。地图的用途和主题是影响地图概括的主导因素。

地图用途决定地图概括的方向，直接影响对地图内容的评价、选择和综合的标准与原则。绘制任何一幅地图，从确定地图内容的主题、重点及其表示方法到编图的选取、化简地图内容的倾向和程度，都受到地图用途的影响。如同一地区同一比例尺的行政区划图，若用途不同，在综合的标准与原则上表现也不同。如果用于教学用途，制图要求内容简明，重点突出，符号、标记都要求比较粗大，清晰易读，内容表示比较概略；如果用于参考用途，一般不要求远距离阅读，符号和标记小一些，地图内容也就表示得详尽一些。

地图主题不同，地图概括的程度也不同。例如，同一地区旅游地图，应主要选择与旅游有关的内容，如游览路线、交通运输、名胜古迹、风景区、娱乐场、食宿设施、通信设施等；而同一地区水系地图则表示该地区水系情况。

2. 地图比例尺

地图比例尺影响概括程度，是决定地图概括数量特征的主要因素。比例尺限定了制图区域的幅面，限制了图上能表示要素的总量，因而也决定了要素数量指标的选取。

地图比例尺的变更，也制约着图上地物的质量特征。随着比例尺缩小，地图上会以概括的分类分级代表详细的分类分级。

地图比例尺会影响概括方向。大比例地图重点是图形内部结构的研究和概括；小比例尺地图重点在外部形态的概括和其他物体的联系。

地图比例尺影响制图对象表示方法。随着比例尺的缩小，依比例表示的地物减少，以点线数据表示的物体占主要地位。

3. 制图区域的地理特征

区域的自然和经济条件，同样的地理事物在不同地区具有不同意义，因而影响对区域的表达。

例如对于水系的地图概括，在干旱、半干旱地区，应表示全部河流和泉水出露的地点；而在江南水乡，河网稠密，为了不影响其他要素显示，需限定河网密度。诸如此类的情况还很多,因此在编图中,不宜固守统一的地图概括标准(如质量和数量标准),而是要根据不同的区域特点制定不同的综合标准。

4. 图解限制

为了表达客观世界的各种事物,地图需要使用各种基本图形变量或者图形变量组合。地图的内容受符号的形状、尺寸、颜色和结构直接影响,并制约着概括程度和概括方法。

线粗细、点大小不同,地图容量不同。但最小尺寸受很多因素影响。如:绘制和印刷技术;地物和地理环境(对比大的背景、地物较少时最小尺寸可以更小);眼睛观察和分辨符号的能力等(如图 3.14 所示)。制图者要应用基本要素(符号的形状、尺寸、颜色、结构)的能力影响着地图概括的数量程度和方法。设计合理的符号,可以提高地图容量。

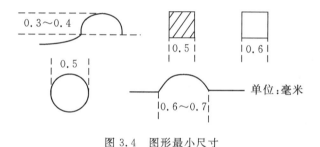

图 3.4　图形最小尺寸

5. 地图资料质量

地图概括是以空间数据为基础,数据的种类、特点及质量直接影响地图概括的质量。制图资料的质量是正确综合的基础。精度高的空间数据,对地理实体的内容反应比较丰富,对细部反映得比较详细。如果收集的制图资料质量不高或不完整,将直接影响地图概括的方法和结果。如缺少人口统计数据,就不能将人口数量作为选取居民点的重要条件。当编图的资料精度很差时,就很难设计和编绘出一幅真实、正确的地图。因此,地图数据源的精度应该高于新编地图的精度。

3.3.3　地图概括的基本方法

地图概括是以科学的抽象形式,通过选取和综合手段,从大量制图对象中选出较大或较重要的,而舍去次要的或非本质的地物和现象;去掉轮廓形状的碎部以总的形体特征而代之;缩减分类分级数量,减少对象间的差别,并用正确的图形反映制图对象的类型和典型特点。在地图概括实践中,通过选取、简化、移位、符号化等方法来实施地图概括。它们之间相互影响,实施时要统筹兼顾,相互协调。

1. 分类

分类可定义为空间数据的排序、分级或分群。根据地理信息的不同,在集合成类的过程中,既有归并,也有拆分。一般地说地图内容的分类是依照地物的属性划分的,这种划分由需要及图解限度而定。

对于普通地图,制图部门独立地制定图例、图式,使普通地图要素按不同的比例尺纳入规范要求;对于专题地图,应遵从该专题的学科分类。

分类的另一种是分级,即空间信息进行统计时,数据划分为数学定义的级别,如将高程分为平原、丘陵、山地、高原等类型。分级越多,地图概括的程度越小。

2. 简化

简化可定义为显示空间数据的重要性,删弃不重要的细部。依比例和目的的不同,它包括地理信息的取舍和图形简化两个方面。

制图规范提出了一个因比例尺变化而设定的取舍标准——比例尺概括,如规定在某种比例尺地图上公路宽度 10m 以下的应舍掉。随着比例尺变化,形状也要简化,如公路形状的化简。

地图的简化还和制图目的有关。选取符合制图目的的某些内容,舍去与目的无关的某些内容或某项中的部分内容;选取反映地图区域特征的某些内容,舍去不反映区域特征的某些内容,或某项中过多的内容,有利于地图使用和区域特征的显示,这种选取属于目的概括。

当比例尺缩小以后,不是保存零碎的地物而是强调它的地理适应性,所以简化过程也对图形的内部结构进行简化,不简化就会影响地图的易读性。简化的步骤如下:

(1)删除的最小尺寸。编图时决定空间数据取与舍的数量标准,是地物在图上的最小尺寸。删除的最小尺寸是按照成图比例的缩小原图进行量度的。有时空间数据是否删除是有条件的,在删除过程中最小尺寸界限要灵活处理。

(2)删除的定额指标。定额指标是按成图上单位面积的选取个数确定的,产生于地图规范或开方根规律的计算。

(3)删除的资格排队。所谓资格排队就是按空间数据的高低进行选取。如居民点选取时,按重要性排队,等级高的优先录取。

(4)形状的简化。图形形状的简化要保持形状相似性。基本要求是:保持轮廓图形和弯曲形状的基本特征;保持弯曲转折点的相对精确度;保持不同地段弯曲程度的对比。常用的方法为最小尺寸法和开方根规律。

(5)内部结构的简化。空间数据构成了平面图形,在简化过程中应保持一定的格局。例如在城市平面图形中,要考虑城市的功能分区、城市街区的方向、街道的密度对比、对外的交通联系等进行平面图形的概括。

3. 夸张

夸张可定义为提高或强调符号的重要特征。夸张并不是没有章法的夸大,没有夸张就不能成为地图符号。

夸张与编图的目的和用途密切相关,并充分体现在地图设计过程中。例如,一些有许多微小弯曲的河流,如果按比例尺机械地简化,这些弯曲将会被全部删除,多弯曲河流将变成笔直的河段,反而歪曲了河流的特征,因此,必须对一些弯曲进行局部夸大。其他地理要素概括时也会出现类似情况。

地图从设计图例开始便采用夸大的方法,如大多数地形图上道路的宽度都进行了夸张。在地图设计中,图形的夸张还应符合审美和寓意的需要。

4. 符号化

符号化就是将空间数据通过分类、简化、夸张等方法获得的记号制成可视化符号图形的过程,是制图综合的最终效果的体现。地图是通过符号系统的建立来模拟客观世界的,符号是地理信息的抽象和图解,其功能是显而易见的。因此,符号应用得体与否,对地图的成败至关重要,所以制图者应对符号化过程予以高度重视。

3.4 地图编制

3.4.1 常规制图

根据地图制图资料和传统的地图编绘方法编制地图,称为常规制图。常规制图,无论是普通地图还是专题地图,其生产过程均可以分为地图设计、原图编绘、出版准备和地图制印四个阶段。

1. 地图设计

1)设计前的准备

在具体实施地图设计之前,首先应深入细致地研究和了解新编地图的目的任务、用图要求和具体服务对象,这是确定地图的性质、地图内容各要素表示的广度和深度,以及选择相应表示方法和确定化简和取舍原则的出发点,是建立正确设计思想的基础。

对现有同类地图进行分析评价,总结其优缺点,并结合本单位的实际与可能,确定新编地图的设计原则,这也是新编地图设计前一项非常重要的工作。

资料工作是地图编制的物质基础。在地图设计前的准备工作中,必须广泛搜集各种制图资料,包括地图资料、影像资料、文字资料和数字资料(统计数据和实测数据)。同时要对资料进行分析鉴定工作,在分析鉴定的基础上,明确资料的可利用程度,如内容的完备性、现势性和精确性,以及用这些资料进行复制加工的可能性,从而选择并确定编绘新图所用的基本资料、补充资料和参考资料。在这里应该进一步指出,作为基本资料应该满足以下几点要求:资料内容基本能满足新编地图的要求;地图资料比例尺一般应大于新编地图的比例尺;资料的现势性一定要强;地图资料要符合复制和加工要求;地图资料的投影和新编地图尽量一致,即不一致也应便于变换。

深入研究制图区域的地理特征,对选择和分析制图资料,进行地图内容的正确选取和化简,均具有重要的意义。因此,对制图区域地理特征的研究,除从宏观上了解一般概况和特征规律这类定性指标外,同时还要注意了解能够进行定量分析的数量指标。

在做好上述几方面设计前的准备工作后,即可着手进行具体的设计工作。

2)设计内容

①确定制图区域范围含新编地图的分幅(开本)与内外图框尺寸的设计,比例尺系统与分幅原则的确定;

②选择和设计投影包括投影设计要求、坐标网间隔、地图配置与方向;

③图面配置和整饰的设计主区与周围地区的关系,图面的有效利用,主题内容的表述;图名、比例尺、附图、附表、文字说明的配置及图廓整饰等;

④确定各要素选取指标,正确地确定各要素的选取指标,其作用是保证不同地区之间的大体协调,避免出现主次、大小、疏密的倒置现象;

⑤设计图式图例符号设计要求有通用性、习惯性、系统性,并且力求简单、明显、形象,便于绘制和定位,同时要求整饰美观、规格合理;

⑥设计成图工艺由于地图生产具有多工序相互制约的特点,因此在总体设计中必须做出明确规定,明确上下工序衔接关系和整个工艺的流程,以免造成不应有的浪费和损失;

⑦试验工作的目的,在于检验设计思想的可行性,以便发现和纠正设计中不合理部分。试验工作的内容包括:资料的使用方法,要素的选取指标,图形化简尺寸,表示方法及图式图例。具体试验方法是通过对样图设计和试编以及制印成图,分析地图的质量,并对出版后的社会效果和经济效益做出评价。

3)编写设计书

地图设计书是地图设计思想的具体体现,是指导新图作业的指导性文件。地图设计书的编写并没有统一格式,一般应包括以下几部分主要内容:

①目的任务,说明新编地图的性质、任务、要求,以及技术规定等;

②地图的数学基础,说明地图的比例尺、地图投影的变形性质及变形分布、经纬网密度,以及建立数学基础的精度要求;

③制图区域的特征,说明制图区域制图对象分布的基本特点和规律;

④编图资料,说明资料分析结果,并指出使用的程度和方法;

⑤地图内容的编绘是设计书的主要内容,通常是分要素进行说明,具体说明各要素的表示方法和分类、分级,地图概括标准和技术方法;

⑥图式图例设计,说明图例符号的设计要求。

除上述内容外,还应该说明编图的技术方法,印刷原图的清绘整饰和制印工艺方案,以及出版要求等。

附件具体包括设计略图、图式符号、编稿样图、彩色样图、色标、制图工艺方框图、资料配置略图、投影坐标成果表、图面整饰规格图、各种参考略图等。

2. 原图编绘

地图编辑人员根据地图设计文件要完成的最终成果是编绘原图。编绘方法一般有以下两种。

(1)编稿法,是指在嵌贴有图形资料的裱糊版上进行多色编绘的一种方法。这种方法是适于编图资料比较复杂,完备性、精确性以及现势性等方面参差不齐等条件下的一种作业方法,它可以通过编图人员的分析和处理,得到较高质量的原图。

(2)连编带绘法,是将编绘和清绘结合在一起的一种编绘方法,是适用于新编地图内容比较简单、概括程度也不大的情况下使用的一种作业方法。但它对作业员的水平要求比较高,既要有编绘的知识和经验,又要有较熟练的清绘技能。

目前无论是编稿法或连编带绘法,均采取线划要素版和注记版分开编绘的方法。具体做法如下:编稿法是当线划要素版完成之后,蒙上磨砂胶片编写注记,然后通过照相晒蓝套和在一起;连编带绘法是待线划要素版编绘完成之后,蒙上胶片剪贴注记,完成出版原图的准备。

编绘作业程序在完成地图内容转绘之后,即可进行原图的编绘工作。具体应按地图设计文件的要求,进行地图内容各要素的取舍和化简。由于地图内容要素错综复杂,为了处理好各要素间的相互关系,正确显示地物的位置和轮廓形状,因此在编绘时必须遵循一定顺序,分要素进行编绘作业。

以普通地图为例,编绘作业的一般程序是:

水系先海岸、湖泊、水库、双线河流,后单线河流,由大到小逐级进行;居民点先大城市,后中、小城市及村镇,按大小依次进行;交通网先干线主道,后支线次要线路,按主次逐级编绘;境界线先国界,后省界、市界、县界等;等高线先标出地形结构线,后按等高线概括要求进行取舍和化简;其他内容如沙漠、沼泽、各种文化古迹等;各类注记编排;经纬线及其他有关整饰内容。

3. 出版准备

由于编绘原图的整饰质量不可能很高,不能满足直接用于制版印刷的要求,必须根据编绘原图重新制作适应于复制要求的清绘(或刻绘)原图。因此,出版准备工作主要是制作供出版用的印刷原图。

印刷原图按制作方法不同又分为清绘和刻绘两种。

1)清绘

清绘工作,由于使用材料不同,其作业程序也有所区别。

在绘图纸上清绘出版原图,先将编绘原图经过照相,并将照相底片上的图形晒到裱糊在金属版上的图纸上,然后在裱版蓝图上按规定进行清绘,并剪贴注记制成印刷原图。

在绘图薄膜上清绘出版原图,一种方法是在晒有编绘原图图形的薄膜蓝图上进行清绘;另一种方法是直接在编绘原图上蒙绘。

清绘工作根据分版情况不同进一步可分为一版清绘和分版清绘。一版清绘是将编绘原图上的全部内容清绘在一块图版上,这种方法只适用于单色图或简单的多色图的清绘工作。分版清绘是将编绘原图上的不同要素分别绘在两块以上的图版上,这种方法适用于复杂的多色地图的清绘工作。

清绘工作还可以根据清绘时的比例尺情况分为等大清绘和放大清绘。等大清绘即清绘比例尺与成图比例尺相同;放大清绘即清绘比例尺大于成图比例尺,放大比例一般为 3∶2、4∶3、5∶4 等,其目的在于提高清绘质量。

2)刻绘

刻绘是将编绘原图的图形晒在流布有一层遮光刻图膜的片基上,然后用刻图工具按设计要求将蓝图刻成阴象版,即将线划符号部分的遮光膜刻透,注记是采用透明注记剪贴,这样就可以直接用于晒制印刷版。刻绘法与清绘法比较,有速度快、质量高、操作简单、减少工序、节约经费等优点。

刻绘法同样也分一版刻绘和分版刻绘、等大刻绘和放大刻绘。

4. 地图印制

清绘或刻绘的出版原图,通过复照、翻版、分涂、制版、打样、印刷等工艺复制成大量的地图成品的生产过程,即地图的制版印刷,简称地图制印。

1)地图的印刷方法

地图制印幅面较大,各种线划粗细不等,套印色数多,精度要求高,在复制过程中有时需要在印刷版上进行修改。鉴于平版印刷可以满足上述要求,同时又有成本低、印刷速度快、印刷质量高等优点,因此目前制印地图均采用平版印刷方法。

所谓平版印刷,就是印刷版上的印刷要素(图形)部分和空白(非图形)部分基本处于同一平面,但两者具有不同的特性,印刷要素亲油,空白部分亲水。在印刷时利用油水相互排斥的原理,先涂水,使空白部分先吸附水,然后再涂油墨,由于空白部分有水而排斥油墨,印刷要素排斥水而吸附油墨。当印刷机转动时,上了油墨的印刷滚筒先与橡皮滚筒接触,并将印刷滚筒上的图形转印到橡皮滚筒上,然后再由压印滚筒使纸张与橡皮滚筒接触,将橡皮滚筒上的图形转印到图纸上。

2)地图制印的主要工艺过程

地图平版印刷的工艺过程,大体包括以下几道工序:复照、翻版、分涂、制版、打样、印刷。

复照将印刷原图通过干版照相(利用制好烘干的卤化银感光材料进行照相)或湿版照相(感光版临时制作,在整个照相过程中感光层都是湿润的),获得符合印刷尺寸的作翻版和直接晒制印刷版用的底版。

　　翻版就是用复照底版或刻绘原图晒象,翻制供分涂或制版用的底版。一般要根据地图用色晒制若干块版,供分涂制版用。翻版用的感光材料有多种,其中最常用的是铬胶感光片,用这种感光片翻版称铬胶翻版法。

　　分涂出版多色地图时,要根据分色参考图制作分色用的底版。而在一张底版上只保留一种颜色的要素,将其他颜色涂去,同时对复照翻版过程中所产生的缺点进行修涂,以保证底版符合制版要求。

　　制版就是根据分涂好的地图阴版或阳版制作供打样或印刷用的印刷版。目前常用的有蛋白版、聚乙烯醇版和重氮树脂感光版等不同制版方法。

　　蛋白版用于阴象制版,是将阴象底版上的图形用接触晒版方式晒到经研磨处理后流布有铬蛋白感光液的锌版上。这种制版方式是使印刷版上的感光膜曝光部分,在光的作用下发生硬化,不再溶于水,经过处理,即在锌版上制出以硬化蛋白膜为基础的印刷要素。这种制版方法简单,但印刷质量和耐印率不高。

　　聚乙烯醇版用于阳象制版,是将阳象底版上的图形用接触晒象的方式晒到经研磨处理后流布有聚乙烯醇感光层的锌版上,经显影和药蚀处理制成印刷版。这种制版方法,由于印刷版经药液腐蚀,图形部分略微凹下,因此线划精细,耐印率高。

　　打样印刷版制成后,首先经少量的试印,提供用来检查地图的印刷版质量和套合精度以及供批复用的各种样图,为正式印刷提供标准。打样工作是在手动或自动打样机上进行的。打样图根据用途不同一般包括以下几种:线划套合样、分色样(线划分色样、普染分色样、分层设色样、彩色原图)、彩色试印样(版样)、清样(付印样)、照光样(印刷样)。

　　印刷是把经过打样审核无误后的印刷版安装在胶印机上印刷,从而获得大量地图成品。具体的地图制印工艺过程,可因地图印刷用色多少不同,使用的印刷原图不同而有所差异。

3.4.2　数字制图

　　将地理系统中复杂的地理现象进行抽象得到的地理对象称为地理实体或空间实体,简称实体(entity)。对实体的描述信息输入计算机,即构成数字地图。

1. 数字图像处理

　　数字图像是以栅格阵列的像元数值来记录图像的,像元数值表现为 $0 \sim 255$ 灰阶。数字图像处理技术包括了对图像进行抽象、表示、变换等基础方法,图像处理的有效方法还有:图像增强与恢复、图像分割、图像匹配与识别、图像信息的压缩与编码、图像的二维与三维重建等。

　　数字图像处理技术:图像增强与恢复,图像分割,图像匹配与识别,图像信息压缩与编码等。航空与航天遥感图像是地图的重要数据源。

2.数字地图制图的基本流程

1)编辑准备阶段

这一阶段的工作与传统的制图过程基本相同,包括收集、分析评价和确定编图资料,根据编图要求选定地图投影、比例尺、地图内容、表示方法等并按自动制图的要求做些编辑准备工作。

2)数字化阶段

将地图图形和具有实际意义的属性转化为计算机可接受的数字,称为数字化。数字化的方法有手扶跟踪和扫描数字化两种,相应的数字记录结构:矢量格式和栅格格式。

3)数据处理和编辑阶段

数据处理和编辑是数字制图的核心工作,数字化信息输入计算机后要进行两方面处理:一是对数字化信息本身做规范化处理,主要有数字的检查、纠正,重新生成数字化文件,转换特征码,统一坐标原点,进行比例尺的变换,不同资料的数据合并归类等;另一方面是为实施地图编制而进行的数据处理,包括地图数学基础的建立,不同地图的投影变换,对数据进行选取和概括,各种专门符号、图形和注记的绘制处理。

4)图形输出阶段

图形输出是将经计算机处理后的数据转换为图形,可以在显示器的屏幕上显示,可以存贮在磁盘上,也可以通过绘图仪或打印机以纸质输出。

3.4.3 遥感信息制图

1.遥感制图的信息源

截至目前世界各国已经发射的遥感卫星有数十种之多,例如美国的陆地卫星(Landsat)、气象卫星(NOAA)、海洋卫星(Seasat)、法国的 SPOT 卫星、日本的 MOS卫星、JERS 卫星、ADES 卫星、欧空局的 ERS 卫星和印度的 IRS 卫星等。我国目前经常使用的信息源主要有美国的 Landsat-TM、NOAA-AVHRR 和法国的SPOT-HRV。

2.遥感图像的处理方法

1)遥感图像的纠正处理

人造卫星在运行过程中,由于飞行姿态和飞行轨道、飞行高度的变化以及传感器本身误差的影响等,常常会引起卫星遥感图像的几何畸变。因此,把遥感数据提供给编制专题图之前,必须经过纠正处理,包括粗处理和精处理。

2)遥感图像的增强处理

在进行遥感图像判读之前,要进行图像增强处理,包括光学图像增强处理和数字图像增强处理。光学图像增强处理主要是为了加大不同地物影像的密度差。常用的方法有假彩色合成、等密度分割、图像相关掩膜。数字图像增强处理的主要特点是借助计算机来加大图像的密度差,常用的方法有反差增强、边缘增强、空间滤波等。

3. 遥感图像的专题信息提取

1)目视判读

目视判读是用肉眼或借助简单判读仪器,运用各种判读标志,观察遥感图像的各种影像特征和差异,经过综合分析,最终提取出判读结论。

(1)常用方法。

常用方法主要有直接判定法、对比分析法和逻辑推理法。直接判定法,是通过色调、形态、组合特征等直接判读标志,判定和识别地物。对比分析法是采用不同波段、不同时相的遥感图像,各种地物的波谱测试数据,及其他有关的地面调查资料,进行对比分析,将原来不易区分的地物区别开来。逻辑推理法,是专业判读人员利用专业知识和实践经验,应用地学规律进行相关分析,将潜在专题信息提取出来。

(2)工作程序。

包括判读前的准备工作,建立判读标志,室内判读及野外验证。

2)计算机自动识别与分类

(1)计算机自动识别。计算机自动识别,又称模式识别,是将经过精处理的遥感图像数据,根据计算机研究获得的图像特征进行的处理。具体处理方法如下:

①统计概率法:是根据物体的光谱特征进行自动识别;

②语言结构法:是根据物体的图形进行识别;

③模糊数字法:是根据物体最明显的本质特征进行识别。

(2)计算机自动分类。计算机自动分类,可分为监督分类和非监督分类两种。

①监督分类:是根据已知试验样本提出的特征参数建立判读函数,对待分类点进行分类的方法。

②非监督分类:是事先并不知道待分类点的特征,而是仅根据各待分类点特征参数的统计特征,建立决策规则并进行分类的一种方法。

4. 遥感数字制图

遥感制图包括遥感目视解译制图和遥感数字制图。前者是以传统分析方法为主。后者是利用计算机系统对遥感图像进行数值变换处理的制图方法和过程,它采用专用数字图像处理系统或通用计算机及其外围设备系统来实现,其主要环节包括遥感图像输入、数据预处理、图像识别分类、几何投影变换、影像图形输出等几个过程。

(1)遥感图像输入:是将计算机兼容数字图像磁带或遥感图像数字化输入计算机。

(2)数据预处理:通过图像的数值变换处理,使原始图像的亮度值重新分布,以提高图像的层次,增强影像特征,获取理想的应用图像。

（3）图像识别分类：应用系统的设计软件、识别模式分类算法，将整个图像依据训练控制样本划分为所需的制图地物类型。

（4）几何投影变换：对在遥感成像中因受系统的和非系统的误差影响所产生的畸变，建立起纠正的变换式，实现图像几何纠正，并选取适宜的地图投影，进行地面控制变换。

（5）影像图像输出：由计算机分析、增强等数值变换处理后的图像分类的图形信息，通过输出装置回放成图像软片。

遥感数字制图的应用领域较广，其中数字自动分类专题制图（如制作土地覆盖和土地利用图等）是遥感制图的重要领域。现代遥感等技术的迅速进步，使遥感数字专题制图广泛应用到编制地形图及其他普通地图的领域。不少国家已利用环境遥感信息开展综合系列机助制图的研究，如在同一的遥感图像资料基础上所派生的成套地图，为自然要素的统一协调和综合制图，提供了技术保证。它将是遥感数字制图发展的一个主流。

利用地学编码影像技术是遥感数字制图的技术基础。从数字图像制图发展的特点和趋势看，应以图像多因子综合分析为基础，人工智能专家系统为研究重点，促进遥感数字制图的标准化、规范化、模式化和自动化的深入发展。

习 题

一、判断题

1.比例尺、地图投影、各种坐标系就构成了地图的数学法则。（ ）

2.地图容纳和储存了数量巨大的信息，而作为信息的载体，只能是传统概念上的纸质地图。（ ）

3.地图的数学要素主要包括投影、坐标系、比例尺、控制点、图例等。（ ）

4.在地图学中，以大地经纬度定义地理坐标。（ ）

5.球面是个不可展的曲面，要把球面直接展成平面，必然要发生断裂或褶皱。（ ）

6.制1：100万地图，首先将地球缩小100万倍，而后将其投影到平面上，那么7.1：100万就是地图的主比例尺。（ ）

7.地图比例尺是决定地图概括数量特征的主要因素。（ ）

8.地图的内容受符号的形状、尺寸、颜色和结构的直接影响，并制约着概括程度和方法。（ ）

9.实地图即为"心像地图"，虚地图即为"数字地图"。（ ）

二、名词解释

1.地图　　2.专题地图　　3.地图概括　　4.数字地图　　5.目视判读

三、简答题 1.简述地图区别于其他地面图片的基本特征。

2. 简述地图的构成要素。

3. 地图可以怎样分类？

4. 我国地图学家把地图学分为哪几个分支学科？

5. 结合自己所学地图知识谈谈地图的功能有哪些？

6. 结合自己所学知识谈谈地球仪上经纬网的特点。

7. 地图比例尺到的表示方法有哪些？

8. 地图投影的选择依据是什么？

9. 制约地图概括的因素有哪些？

10. 图形形状简化的基本要求是什么？

11. 地图符号的符号特征是什么？

12. 地图符号的功能有哪些？

13. 注记的作用与功能分别是什么？

14. 地图概括的基本方法

参考答案

第4章 环境信息的获取与组织管理

环境信息的获取是环境信息系统重要而又关键的内容之一。环境信息具有多学科、多部门交叉应用以及数据量极大、数据类型纷繁等特点。这里所说的环境数据获取指通过 RDMS、MIS 和 3S 等技术与方法实现对环境属性信息和空间信息进行采集、处理,并在数据库管理、地理信息系统、遥感处理软件等的支持下实现建库、模型分析和多结果输出。

4.1 环境信息的数据库基础

传统的数据库技术是以单一的数据资源,即数据库为中心,进行事务处理、批处理到决策分析等各种类型的数据处理工作。

在环境信息领域,数据库是环境信息系统的基础,是实现信息处理和分析的基本手段,无论是空间数据,还是描述环境问题的属性数据、资料、多媒体素材等,都可以用数据库技术来管理组织。从本质上看,地理信息系统和遥感信息的存储和分析也离不开数据库概念及应用。

4.1.1 数据库的概念

顾名思义,数据库就是存储数据的"仓库"。但它和一般意义上的库是有所不同的。首先,数据不是存放在容器或空间中,而是存放在计算机的外存储器上(如磁盘),并且是有组织地存放的。数据的管理和利用是通过计算机的数据管理软件——数据库管理系统来完成的。因此,我们讲的数据库,不单是指存有数据的计算机外存储器,而是指存放在外存上的数据集合以及管理它们的计算机软件的总和,通常称为数据库系统。

1. 本地数据库与远程数据库

数据库按所在的物理地址的不同可分为本地数据库和远程数据库两种。本地数据库位于本地计算机上,如 Pradox、Dbase、FoxPro、Acess 数据库等。远程数据库指非本地的,位于远程计算机或服务器上的数据库,如 Orace、Sybase、SQL Server、DB2 等。

本地数据库采用基于文件的机制访问数据库,因此,本地数据库又叫基于文件的数据库。远程数据库采用 SQL(structured query language,结构化查询语言)访问数据库,因此,远程数据库又叫 SQL 服务器或是 RDBMS(remote database management system,远程数据库管理系统)。

本地数据库位于本地计算机上,访问速度比访问远程数据库速度快。但它不可能支持多用户同时访问,数据库存储容量也没有远程数据库大。远程数据库提供了基于网络的多用户支持,适用于多个用户同时访问,数据存储容量也大得多,如果是分布式数据库,数据甚至可以分布存储在多个计算机上。

2.分布式数据库

从数据库最终用户看,数据库系统的结构可以分为:单机结构、集中式结构、分布式结构、C/S 结构、B/S 结构。

(1)单机结构:也称桌面型 DBMS,数据存储层、应用层和用户界面层的所有功能都存在于单台 PC 机上。目前比较流行的桌面型 DBMS 有:Microsoft Access 和 Visual Foxpro。缺点:不同机器之间不能共享数据。

(2)集中式数据库结构:所有处理均由主机完成,终端只作为主机的输入输出设备。特点:对主机的性能要求很高。

(3)分布式结构:位于不同地点的众多计算机分别负责自己的局部数据库,通过网络互相连接,共同组成一个完整的、全局的大型数据库。一种采用大型主机和多个终端相结合的系统。特点:多数处理在本地完成、降低了数据传输代价、提高了系统的可靠性、便于系统扩充。

(4)客户机/服务器结构(C/S 结构):数据集中存放在服务器结点上。客户机有它们自己的数据库管理系统和事务管理。数据库服务器响应客户机的服务请求,把客户机请求的数据传送到客户机进行处理。

分布式数据库是指由一个系统管理,由分布在本地和远程计算机上的多个数据库组成的系统。常见的分布式数据库有 Oracle、Interbase、SQL Server 等。

在数年前客户机/服务器结构兴起之后,许多系统便使用这种结构来设计。随着客户机用服务器结构技术的成熟,使用这种结构的应用系统也执行得更加顺利。在客户机/服务器结构中通常是由客户端的机器执行应用程序,然后连接到后端的数据库服务器中存取应用系统需要的数据库资料。

由于客户机/服务器结构很适合一般的 MIS 系统,只要应用系统的客户端数目在规定用户数之内并且是在同一个区域中,客户机/服务器结构在执行 MIS 系统时便已经足够了。客户机/服务器结构虽然能够平稳执行一般的 MIS 应用系统,但是这种结构本身也存在一些问题。客户机/服务器结构的问题在于客户机/服务器结构经常把应用系统的应用单位逻辑编写在客户端的应用程序之中,因此,当应用系统需要改变时,所有在客户端的应用程序都必须改变,这对于 MIS 系统的维护来说成本偏高。虽然有一些应用单位把系统逻辑编写在数据库之中,但是,这样的结构有更大的问题,因为如此一来应用系统都绑死在特定的数据库上,此外,许多应用逻辑的程序代码并不适合在数据库之中执行,因为大量使用计算的程序代码会严重地拖累数据库的执行效率。

近年来 Internet/Intranet 的兴起对于应用单位运作的方式有较大的影响,迫使许多应用单位在这个竞争激烈的时代加快前进的脚步。例如在客户机/服务器结构中,由于 Internet/Intranet 的需求,应用单位可能必须开放产品查询的信息给所有在 Internet/Intranet 上潜在的客户。因此,应用单位主管会要求 MIS 之中的产品系统必须能够让客户使用浏览器来查询所有的产品信息。

3. 存储过程

存储过程(stored procedure)是在大型数据库系统中,一组为了完成特定功能的 SQL 语句集,存储在数据库中,经过第一次编译后再次调用不需要再次编译,用户通过指定存储过程的名字并给出参数(如果该存储过程带有参数)来执行它。存储过程是数据库中的一个重要对象。使用存储过程可以加快程序的执行速度。

4. 数据库事务

数据库事务(database transaction),是指作为单个逻辑工作单元执行的一系列操作,要么完全地执行,要么完全地不执行。事务处理可以确保除非事务性单元内的所有操作都成功完成,否则不会永久更新面向数据的资源。通过将一组相关操作组合为一个要么全部成功要么全部失败的单元,可以简化错误恢复并使应用程序更加可靠。一个逻辑工作单元要成为事务,必须满足所谓的 ACID(原子性、一致性、隔离性和持久性)属性。事务是数据库运行中的逻辑工作单位,由 DBMS 中的事务管理子系统负责事务的处理。

5. 数据字典

数据字典(data dictionary)是指对数据的数据项、数据结构、数据流、数据存储、处理逻辑、外部实体等进行定义和描述,其目的是对数据流程图中的各个元素做出详细的说明,使用数据字典为简单的建模项目。简而言之,数据字典是描述数据的信息集合,是对系统中使用的所有数据元素的定义的集合。

数据字典是一种用户可以访问的记录数据库和应用程序元数据的目录。主动数据字典是指在对数据库或应用程序结构进行修改时,其内容可以由 DBMS 自动更新的数据字典。被动数据字典是指修改时必须手工更新其内容的数据字典。

关于数据库的其他一些概念(如数据模型、SQL 语句等),在下面小节里会有更详细的论述。

4.1.2 数据库中数据和文件组织

1. 数据库的数据、信息与信息处理

信息处理是计算机应用中用得最广泛的领域,而数据是计算机实际处理的对象,数据经处理后会转换成更能反映事务本质的信息。

1)数据

对数据这个概念,人们往往理解为数值。其实,数值数据只是数据的一个子集。

凡是需要数量表示的事物，都要用到数据，这是我们熟悉的。但还有大量的事物，不仅需要有数量描述，还要有"陈述"表达。比如关于天气的描述，除温度、风力等用数值描述外，阴、晴、雨等则要用文字陈述。简而言之，数据是事实的反映和记录。这里的数据是广义的数据，包括数字、字符串、报表和图形等。数据可称为客观事物（客体）属性的记录。

ANSI(american national standards institute)提供的数据的两个定义是：

（1）数据是以格式化的形式来表示事实、概念或指示，这种形式有助于通信、解释以及由人或自动手段来处理。

（2）数据是被赋予或可以被赋予含义的任何表示，如字符和模拟量。

数据有两方面的特征：第一，数据是客体属性的反映，这是数据的内容。反映客体属性的有属性名和属性值。例如某个职工是一个客体。有姓名、性别、年龄、工资等属性，每一属性有相应的属性值。第二，数据是记录的符号，记录符号与内容有一定联系，可用数字、字符串等表示。数据可以通过观察、测量、考核等手段获得。

2）信息

现在人类已进入了信息时代，信息概念变得越来越复杂，对信息这个词很难给出精确、全面的定义。根据 ISO(international standards organization)和 ANSI，可将信息定义为"人借助于在数据的表示中所用的已知约定来赋予数据的含义"。

3）信息与管理、决策

在商业、企业和事业管理活动中，有大量的数据与信息要表示、传递与处理。对一个单位（部门）来说，没有信息就无法管理，信息不够、不准、不及时就难以决策。这里简单说明一下单位（部门）中信息与管理、决策的关系。

应用单位的活动分为生产活动和管理活动。在生产活动中，流动的是物，从输入转换到输出，是一股物流。这是企业生产经营活动的主体流程。当然，参与这个流程的还有人、设备、资金、能源、交通工具等因素。企业的管理活动是指用组织、计划、领导、控制和协调等各种基本行动，来有效地利用人力、材料、资金、设备和方法等各种资源，发挥最高效率，以实现一个组织所预定的目标和任务。有的人把管理过程划分为计划、组织、控制三个阶段，通过这样的管理过程达到管理目标。

在管理活动中流动的是信息，从输入转换到输出是一股信息流。信息流是伴随物流产生的，对生产活动和物流起着主导作用。不充分发挥信息流的主导作用，会导致物流的混乱。从控制论观点看，管理过程是信息的收集、传递、加工、判断和决策的过程，在管理过程中发挥控制功能。

2. 数据库的文件组织

广义的"文件"指公文书信或指有关政策、理论等方面的文章。文件的范畴很广泛，电脑上运行的如杀毒、游戏等软件或程序都可以叫文件。狭义的"文件"一般特指文书，或者叫作公文。文件是人们在各种社会活动中产生的记录。狭义的"文件"并不能等同于"档案",它们的主要区别在于是否具有保存价值以及是否具备原始记录的性质。如果两者都具备,则可以称之为"档案",否则只能算作文件。虽然两者有很大的交集,但绝不能等同。通俗来讲,相关信息的集合叫作文件。下面用大家普遍熟悉的 Foxbase 数据库格式来说明数据库数据和文件组织。数据库文件与我们常见的计算机文件一样,起名必须由字母开头,可由字母、数字和下划线组成,最多不超过 8 个字符。文件名中不允许嵌入空格。按照不同类型来确定相应文件名后缀,Foxbase 的文件按后缀可分为:

(1)数据库文件(.dbf)是用记录和字段存储数据的文件。每个记录含有一组唯一的信息。

(2)备注文件(.dbt)是数据库文件(.dbf)的辅助文件。它用于存储备注字段和内容。在(.dbf)文件中的全部备注字段存储在同一个数据库(.dbt)文件中,并与数据库文件一起使用。

(3)索引文件(.ndx)是由索引字段和记录号组成的文件。使用时要同数据库文件一起打开。

(4)内存变量文件(.mem)指用于保存内存变量的文件。

(5)命令文件(.prg)是由一系列的 Foxbase 命令组成的文件。

(6)报表文件(.frm)指用于报告数据库内容的文件。

(7)标签文件(.1b1)指运用数据库以生成类似名片的文件。

(8)文本文件(.txt)指由可打印的 ASCII 码组成的文件。可作为与其他高级语言进行数据交换的文件。

(9)表达式指由字段、内存变量、函数、常数或它们任何一种组合而成的式子。

(10)字符串是一个由字母、数字和符号组成的序列。一般由引号括起来。

(11)通配符是用来定义有公共元素的文件名或内存变量的符号。通配符有"*"和"?"。"*"适配多个字符,"?"适配单个字符。

(12)别名指在对数据库进行操作使用时给数据库文件另行指定的一个名字。但没有改变数据库的文件名。

3. 数据库与文件系统的比较

在数据库系统出现之前,人们使用的文件系统的一般操作系统中都有文件系统对文件进行统一管理。每一文件由记录组成,但文件系统对记录各字段以及各个文件记录间的联系是不管的,应用程序却需要知道这些逻辑联系,这就使数据与应用程序之间有依赖关系,用户之间只能在文件一级共享。

数据库系统(database system),是由数据库及其管理软件组成的系统。数据库系统是为适应数据处理的需要而发展起来的一种较为理想的数据处理系统,也是一个为实际可运行的存储、维护和应用系统提供数据的软件系统,是存储介质、处理对象和管理系统的集合体。数据库系统是用数据模式管理记录的结构,对记录各字段的定义,以及各记录型之间的关系都能处理,标识记录除用记录的关键字外还可用辅助关键字,封锁单位通常是记录,使用户可达到记录级共享,并具有数据库系统的一些特征,便于应用程序的建立。

故障恢复是数据库的一个重要功能,对于系统数据安全相当重要,它是当数据库发生局部性或全局性的破坏时,数据库系统具有恢复的功能,而一般文件系统不能。

4. 数据库管理系统(DBMS)与 MIS 系统

1)数据库管理系统(DBMS)

数据库管理系统(DBMS)为数据的统一集中管理提供了极大方便,用户可使用交互式命令来建立数据库并对数据库进行操作,也可以用数据库的主流语言(如PASCAL、VC、COBOL、FORTRAN 等)来编写复杂的应用程序,这些应用程序可达到一定管理、处理的目的,如企业的运营管理等,与相应的数据库一起构成了应用系统。在 DBMS 支持下,用户能较快地建立起所需要的应用系统。

2)管理信息系统(MIS)

对信息管理和建设单位来说,管理信息系统是一个纵横交错的信息系统,是伴随单位(部门)管理过程的信息系统。它主要用于单位(部门)管理活动,为提高单位(部门)管理工作的效率和水平服务,以提高单位(部门)的效益为目的,它是一个以人为主体的人机系统。在单位(部门)内有各种性质的部门,这些部门之间有一定关系。对各职能部门可建立相应的管理信息子系统,这些子系统之间存在着交织的联系,构成了更复杂的单位(部门)管理信息系统(MIS)。单位(部门)的 MIS 是一个进行管理信息的收集、存储、加工、上下左右互相传递的网络式信息系统,既保证了纵向的管理关系,又加强了各管理部门、管理子系统之间的横向联系,使整个单位(部门)管理系统在网络式信息系统的支持下成为一个有机的整体。单位(部门)的 MIS 是一个信息系统,其输入是一些与管理有关的信息,其输出是供各级管理人员用于管理和辅助决策的信息。因此,MIS 对单位(部门)管理起到控制、指挥、调节的作用,使单位(部门)能适应多变的环境,发挥更大潜力,从而取得更大的效益。

3)管理信息的分类

管理信息可以说是包括与单位(部门)管理有关的各种信息,反映单位(部门)生产经营活动状况、技术、工艺、物资、库存、设备、计划、供销、财务、质量、人事、劳资、科研、教育、安全等方面的信息。管理信息是单位(部门)进行计划、核算、调度、统计、定额、经济活动分析、质量控制和安全控制等工作的依据。为了科学地管理和合理使用管理信息,应按不同标准对管理信息进行分类。在单位(部门)管理信息中,固定信息占很大比重。一般来说,单位(部门)中的固定信息主要有以下三个方面:①定额标准信息,包括产品的结构、工艺文件、各类消耗定额、规范定额和效果评价标准;②计划合同信息,包括计划指标系统和合同文件等;③查询信息,包括国家标准、专业标准和单位(部门)标准、价目表、人事档案、设备档案、科技档案和上级各类文件等。

4)管理信息处理的特点

管理信息处理有以下特点:①大量数据的存储与重复处理。比如单位(部门)的产品清册,工艺流程文件,库存台账等,很多业务部门都有自己的若干账册,这里包含着大量的数据。无论是财务、仓库物资系统,还是环境信息管理,每天都有大量的管理信息处理,常常地重复存储这些数据需要大量的外存。②大量的输入、输出常是各种报表。③数据种类繁多,数据间关系复杂。有些数据由很多业务部门共享。④一般来说,计算都比较简单,但复杂的经济数学模型除外。这恰与科技计算相反,科技计算输入、输出较少,但计算方法比较复杂。⑤管理信息一般持续较长的时间,因此,在外存存放时间较长,这就要求长时间占有大量外存。

管理信息系统是信息系统中的一个主要领域。近些年来,人们意识到为快速健康地发展国民经济与维持社会稳定而有秩序地生活,管理是极其重要的一个环节。

管理信息系统的特点是系统自动模拟管理工作对象的工作流程,在每一个环节将有关的法规制度贯彻其中,支持协助管理工作人员完成信息数据存储、检索、统计、评估、判定以及决策等工作。管理信息系统是数据,计算机软、硬件以及管理工作人员三位一体,构成一个大系统,来完成某一个方面的管理任务。

4.1.3　环境数据模型与数据表

数据库中的数据是高度结构化的,不仅数据项之间存在着联系,记录之间也存在着联系。而数据模型就是指描述这种联系的数据结构的形式。不同的数据模型决定了不同类型的数据库。比较重要的数据模型有以下几种:层次模型(hierarchical model)、网络模型(network model)、关系模型(relational model)。

在数据库中,把可以用图(这里用有向图)来表示的数据模型,称为格式化数据模型,而格式化数据模型又按照图的特点分为层次模型和网状模型两种。

1. 层次模型

层次模型是以记录型为结点的有向树。在树中,把无双亲的记录称为根记录,其他记录称为从属记录。除根记录外,任何记录只有一个父记录。一个父记录可以有多个子记录。从根记录开始,一直到最底下一层的记录为止,所具有的层次称为该数据模型的层次。如图4.1为一个数据库的层次模型。

层次型数据库具有以下四个特点:

(1)模型层次分明,结构清晰,比较容易实现,适合分级类型数据的组织,这是层次型模型的优点。

(2)由于分层结构,那么当数据层次越低,对其处理效率就越低,故层次型数据库对低等级数据记录的处理效率低下。

(3)分层结构使数据具有方向性质,查询、删除操作不灵活。

(4)处理多对多关系时数据冗余量大。层次模型的数据库兴起于20世纪60年

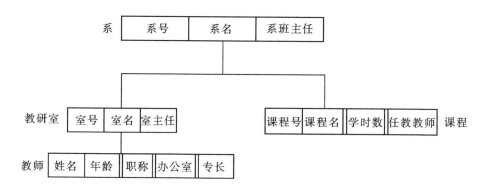

图 4.1　数据库的层次模型

代,目前只有极少数的大型数据库系统采用的是层次模型,其中最著名的是 IBM 公司研制的 IMS 系统。

2. 网状模型

数据库的网状模型,是以记录列为结点的网状结构。

①可以有一个以上的结点无双亲。

②至少有一个结点有多于一个的双亲。

用网状结构描述数据及其之间的联系。

网状式数据库是一种数据错综复杂的数据库。这种数据库不仅表现为一种层次关系,也发生横向联系。如图 4.2 中某校一日的教程安排,其联系就表现为纵横都有。

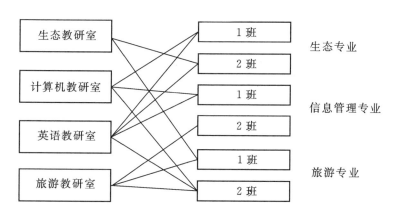

图 4.2　网状数据库模型

(1)网状模型和层次模型的差别。

①一个子结点可以有两个或多个父结点。

②在两个结点之间可以有两种或多种联系。

（2）网状模型的特点。

①易于表达多对多实体间的关系，这是其最大的优点。

②数据结构复杂。

③为了有表达复杂的实体间的关系，必须使用大量的指针，从而导致数据量的增加。

采用网状模型的数据库系统，大多依据 DBTG 的文本。DBTG 文本是在 1968 年 1 月第一次推出的，目前已在许多机器上得到实现。几乎除了 IBM 公司以外，其他大厂商生产的中型以上的计算机系统都配有网状模型的数据库系统。例如 CULLINANE 公司的 IDMS 系统，就是 DBTG 报告的一个实现。

按层次或网络模型组织的数据库有共同的缺陷：一旦数据元素间的关系已被确定，就很难对其进行修改或创建新的关系。

3. 关系模型

层次模型和网状模型的数据库系统被开发出来之后，在继续开发新型数据库系统的工作中，人们发现层次模型和网状模型缺乏充实的理论基础，难以开展深入的理论研究。于是人们就开始寻求具有较充实的理论基础的数据模型。在这个基调下，IBM 公司的 EFCodd 在 1970—1974 年间发表了一系列有关关系模型的论文，从而奠定了关系数据库的设计基础。

用二维表结构描述数据及其之间的联系。

因为现在大多数数据库都是基于关系模型的，在关系模型中，数据信息是以二维表的结构组织的，这些二维表被称为关系表格，每张表描述的是事物某一方面的信息，它由表名、列名（表头）和若干行（数据）组成，如表 4-1 所示。环境信息的数据表达大都采用这样的二维关系模型。

表 4-1　关系数据库模型

学号	姓名	出生年月	性别	在职否	贷款	简历
014101	王学成	11/23/76	男	.F,	150.00	Memo…
014102	李磊	03/11/77	男	.F.	250.00	Memo…
014103	卢小玲	10/05/77	女	.F.	350.00	Memo…
014104	章华霞	06/28/73	女	.T.	100.00	Memo…
025101	汪仁泰	05/08/78	男	.F.	115.00	Memo…
025101	陆伟钢	04/06/79	男	.F.	125.00	Memo…

关系式数据库把数据按逻辑归纳为满足一定条件的二维结构，其特点如下：

（1）表格中的每一列都是基本的数据项，不允许重复。

(2)表格中的每一列都具有相同的数据类型。

(3)每一列都有一个名字,但在同一表格中不允许重复。

(4)表格不允许出现内容完全相同的行。

(5)行、列的顺序均不影响表格中的数据。这也是关系式数据库的基本特点。

(6)表格中行、列数据具有相对有限性。不同数据库系统的这种有限性不完全一样。

(7)索引:为了迅速检查数据库的内容而对数据库进行的排序处理,但没有重新安排记录的处理次序。只是按索引关键字的 ASCⅡ码值进行排列。

当然,关系数据库系统也有一些不足之处。如:查询效率偏低;对非事务性应用在功能上尚嫌不足;等等。

层次、网状和关系数据模型是数据库诞生以来广泛应用的三种数据模型,一般称之为传统数据模型。传统数据模型是文件系统中所用数据模型的继承和发展。它们都继承了文件中的记录、字段等概念,也借鉴了文件的索引、排列等存取方法。它们都在记录的基础上定义了各自数据的基本结构、约束和操作。由于传统数据模型的发展和应用,在数据管理方面,摆脱了各个应用程序自行定义自己所用文件的状态,向用户提供了统一的数据模型和相应的数据库语言,从而有可能集中设计一个单位的数据模式,供不同的用户共享。从私有到共享,从孤立的文件到彼此互相联系的数据模式,从简单的文件操作发展为较复杂的数据库操作和相应的数据库语言,这无疑是一个质的飞跃。传统数据模型不但在数据库发展的历史上起过重要作用,而且迄今为止,它们,特别是关系数据模型,仍然是商品化 DBMS 的主流数据模型。在面广量大的事务处理应用中,它们也基本适用。数据是一种昂贵和可以长期使用的资源。用户在积累了大量数据以后,如果要更换数据库的数据模型,他们将为此付出很高的代价。为此,用户对新的数据模型的采用,往往采取慎重甚至保守的态度。这就说明,为什么层次、网状数据模型至今还有少数用户在使用。但 20 世纪 70 年代诞生的数据库 90%以上是关系性数据库。

4.1.4　关系数据库管理系统

1.数据库管理系统的功能

数据库管理系统(data base management system,DBMS),是一种操纵和管理数据库的大型软件,用于建立、使用和维护数据库。用户通过 DBMS 访问数据库中的数据,数据库管理员也通过 DBMS 进行数据库的维护工作。它可使多个应用程序和用户用不同的方法在同时或不同时刻去建立、修改和询问数据库。它建立在操作系统的基础上,对数据库进行统一的管理和控制。根据所基于的数据模型,DBMS 主要有四种类型:文件管理系统、层次数据库系统、网状数据库系统和关系数据库系统。当然,目前关系数据库系统应用最为广泛。一般说来,DBMS 的主要功能有:

描述数据库:定义数据库的逻辑结构、存储结构、语义信息和保密要求以及其他各种数据库对象。

管理数据库：控制系统运行、数据存取和用户访问，检验数据的安全与一致性，执行数据检索、修改、插入、删除等操作。

建立维护数据库：初始数据装入，数据库结构维护，重建数据库，故障恢复，数据库性能监视，记录工作日志。

从内容组成上讲，DBMS一般包括以下三部分：数据描述语言（DDL）及其翻译程序，数据操纵/查询语言（DML）及其翻译程序，管理程序。

除此之外，现代的数据库系统，为了提高数据库开发的效率和水平，还提供了一些应用开发的辅助支持工具。如 Visual Pascal 、Oracle 的交互式命令语言 SQL-PLUS，报表生成器 SQLFORMS，SYBASE 的四代语言报表生成器 SQR 4GL。

2. 数据库应用程序

DBMS 存储数据信息的目的是为用户提供数据信息服务，而利用数据库应用程序能够与 DBMS 进行通信，并访问 DBMS 中的数据，同时沟通用户和 DBMS 的交流。用户正式通过数据库应用程序来访问、插入、修改、删除数据库中的数据。虽然一般的数据库管理系统自身也具备上述功能，但这些使用功能命令要求每个用户必须熟悉所使用的数据库系统；而且不灵活、没有针对性，实现一些特定的功能很麻烦，并且缺乏用户定制的、友好的界面。数据库应用程序屏蔽和简化了复杂的 DBMS 具体细节，它能根据用户的要求实现特定的功能，并具有方便的程序与数据接口，易于操作的、个性化友好的界面。传统上数据库应用程序是用一种或多种通用或专用的程序设计语言编写的，传统上数据库应用程序是用一种或多种通用或专用的程序设计语言编写的，但是近年出现了多种面向用户的数据库应用程序开发工具，这些工具可以简化使用 DBMS 的过程，并且不需要专门编程。目前，开发数据库应用程序的语言主要分为三大类型：

1）过程化语言

如 Pascal、Basic 和 C 都是过程化语言，这些语言的代表有 Delphi、Visual Basic、C++，它们通过应用程序接口（API）来创建数据库应用程序，API 函数调用扩展了语言的功能，使之能访问数据库中的数据。过程化语言的特点是程序以应用的执行过程为中心组织结构，每一段代码就是一个过程，每个过程执行应用程序的某一部分功能，过程间有严格的顺序。如一个过程查询数据库中数据，而另一个过程更新数据库中的数据，然后不同过程通过其他用户界面过程（如菜单系统或功能按钮）联系在一起，并且在应用中的适当地方运行。

上述这些过程化语言通常为"第三代语言"（3GL）。还有一些过程化程序设计的语言是某种特定的 DBMS 提供和专用的，这些语言一般被称为"第四代语言"（4GL），即数据库专用语言，常见的如 FoxPro 语言、Paradox 数据库的 PAL 语言等。

2）结构化查询语言（SQL）

结构化查询语言（structure query language，SQL）是基于关系模型的数据库查询语言,已经为大多数数据库管理系统所应用。它是一种非过程化的程序语言,也就是说,程序只需告诉数据库系统做什么,而不用告诉它怎么做。写出的语句可以看作是给数据库的一个问题,称为"查询"(query),针对这个查询,从数据库中得到所需的结果。SQL 语句可以完成许多功能,如建立数据库,查询、插入、修改和删除数据,控制数据存取,确保数据库的一致和完整等。下面是一个简单例子:

Select Name, No. from student where Total>600

这个查询是从数据库学籍表 Student 中将总分(Total)大于 600 的所有人选出来,并列出他们的学号(No.)和姓名(Name)。

SQL 没有任何界面处理或用户输入输出的能力。它的主要目的是提供访问数据库的标准方法,而不管数据库应用的其余部分是用什么语言编写的,它是为数据库的交互式查询而设计的(因此被称为动态 SQL),同时也可在过程化语言编写的数据库应用程序中使用(因此被称为嵌入式 SQL)。

3)面向对象的语言

开发数据库应用程序中,还可以使用目前常见的"面向对象程序设计"(OOP 语言,如 C++、Object Pascal 等,OOP 代表了一种完全不同的程序设计方法,在这种方法中,程序设计不再以应用的执行过程为中心,代码根据所描述的事物不同被划分成一个个的"对象",每个对象都有自己的数据、属性和方法。应用的执行就是程序向这些对象发送消息,对象根据内部的属性方法对消息做出不同反应的过程。如程序执行时,用户的敲击键盘、移动鼠标就是向程序发送消息,程序把它转发给相应的对象,对象再做出应有的反应,来完成应用的执行。OOP 方法更符合人的思维习惯,它使同属一个对象的数据和算法紧密联系在一起,有利于代码的重用和软件的升级,从而大大提高了软件开发的效率。在数据库应用程序中使用 OOP 语言已经成为主流。

开发数据库应用程序使用的另一种语言是"宏"。宏语言不是一种完全的程序设计语言,它实际上是一段代码,它被输入到应用程序中,以便自动执行一定的任务。对于某个特定应用的高级语言,宏语言通常可以在低档 DBMS 软件中或数据库服务器的前端中找到。

最后,还有一种叫"query-by-example"(QBE,范例查询)的语言。严格地讲它也不是一种语言,它是面向用户提供了一个或多个空表的界面,这些空表对应于数据库中的表。用户可以在这些空表中选择需要查询的列,并在适当的列中填入条件从而定义查询的检索条件,然后 DBMS 就把 QBE 转换成相应的动作,以完成用户要求的查询任务。

4.2　环境空间信息获取

环境空间信息,是当今高新科技 3S 支持下描述环境特征的信息综合,作为一种决策支持系统工具,它具有信息系统的各种特点。环境空间信息系统的定义由两个部分组成,其中空间信息,是描述、存储、分析和输入空间信息的理论和方法的新兴而交叉程度及范围深广的学科;环境空间信息是一个技术含量高,以地理空间数据库为基础,采用地理模型分析方法,能够提供种类多样、适时而动态性强的地理信息,为环境管理和规划决策服务的计算机信息。某种程度上讲,环境空间信息正得到广泛应用,成为地理成分、空间信息分析的基础。同样地,构成环境信息系统四大要素为计算机软件、硬件、空间数据和人。

4.2.1　环境空间信息特征

从数据处理的角度来看,环境信息又是一个以空间数据库为中心的信息转换系统,这个空间数据库的本身是地理现象的多面模型,接受多样性的数据输入和提供多样性的信息产品。目前,环境空间信息引入了功能和技术比较完善的地理信息系统概念来管理,在此有必要简要介绍 GIS 的管理和数据模型。

由于 GIS 既管理空间数据又管理与空间数据相关联的地理属性数据,GIS 数据模型以及在此基础上构建的数据库比其他数据模型和数据库系统复杂得多。

1. GIS 数字模型

在数字计算机中,GIS 自然也是用数字来描述地理实体(或称为"地理对象")的。地理实体在 GIS 中的这种数字组织与表达形式,即 GIS 的数据模型。

在 GIS 中,用于表示地理对象位置、分布、形状、空间相互关系等信息内容的数据,被称为"空间数据",而表示与空间位置无关的其他信息,如颜色、质量、等级、类型等信息的数据,被称为"属性数据"。一般来讲,前者有复杂的数据结构,而后者有丰富的数据形式。

目前,表示地理对象空间特征的数据,主要有两种数据模型——矢量数据模型和栅格数据模型,而地理对象属性数据的表示,则随其对应的空间数据模型的不同而有所不同,详见图 4.3。

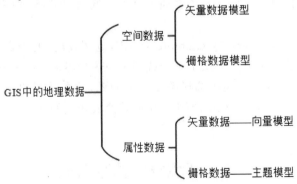

图 4.3　GIS 数据模型

1）矢量数据模型

矢量数据模型是 GIS 主要的数据模型之一。类似于矢量地图，GIS 的矢量数据模型也是用点、线（或称"弧"）、面（或称"多边形"）三种主要的图形元素来抽象表示地理对象的。由于面（多边形）是线（弧）所围成的区域，线（弧）又是点的有向序列，所以，坐标点是矢量数据模型最基本的数据元素。所以说，GIS 的矢量数据模型，就是以坐标点的方式，记录抽象的点、线、面地理实体的。

从理论上说，矢量数据描述的是连续空间，因而它能精确地表达地理实体的形状与位置，又可以通过点、线、面三种基本图元之间的联系，构筑地理实体及其图形表示的邻接、连通、包含等拓扑关系，从而有利于地理信息的查询、网络路径优化、空间相互关系分析等地理应用。GIS 的矢量数据模型可以用相对较少的数据量，记录大量的地理信息，而且精度高，制图效果好。在地理信息系统发展早期，受计算机存储能力及计算速度的限制，它扮演了更为重要的角色。

2）栅格数据模型

栅格数据就是用数字表示的像元阵列。其中，栅格的行和列规定了实体所在的坐标空间，而数字矩阵本身则描述了实体的属性或属性编码。

栅格数据是计算机和其他信息输入输出设备广泛使用的一种数据模型，如电视机、显示器、打印机等的空间寻址，即使是专门用于矢量图形的输入输出设备，如数字化仪、矢量绘图仪及扫描仪等，其内部结构实质上也是栅格的。

栅格数据最显著的特点就是存在着最小的、不能再分的栅格单元，在形式上通常表现为整齐的数字矩阵，且便于计算机进行处理，特别便于存储和显示。

遥感数据是采用特殊扫描平台获得的栅格数据，它是地理信息系统最重要的数据来源之一，实践中更有以处理遥感影像数据为主的系统，因而，实用的地理信息系统必然要求能够有效地处理来自遥感的栅格数据。

此外，栅格数据存在着的"最小数据单元"，非常适宜于地理信息的"模型化"。因为无论怎样复杂的模型算法，对一个栅格单元来说是纯粹的属性运算。随着计算机软、硬件技术的发展与突破，栅格数据占用存储空间大、图形数据精度差等缺点对一个实际运行的应用系统来说已不再是难题，因此，利用它可以解决许多复杂的实际应用问题。

表 4 - 2 矢量数据结构与栅格数据结构优缺点

	优点	缺点
矢量数据结构	1.便于面向现象（土壤类、土地利用单元等）； 2.数据结构紧凑、冗余度低； 3.有利于网络分析； 4.图形显示质量好、精度高	1.数据结构复杂； 2.软件与硬件的技术要求比较高； 3.多边形叠合等分析比较困难； 4.显示与绘图成本比较高

	优点	缺点
栅格数据结构	1.数据结构简单; 2.空间分析和地理现象的模拟均比较容易; 3.有利于与遥感数据的匹配应用和分析; 4.输出方法快速,成本比较低廉	1.图形数据量大; 2.投影转换比较困难; 3.栅格地图的图形质量相对较低; 4.现象识别的效果不如矢量方法

近年来,许多研究者在探索一种矢量——栅格一体化的数据模型,以实现这两种数据模型的统一。但这一探索目前仍处于研究阶段,其真正实现还有待时日。

3)数字地形模型(digital terrain model,DTM)

数字地形模型,通常定义为描述地面特征空间分布的有序数值阵列。其坐标空间用 X、Y 或经、纬度来定义,地面特征可以是地貌、土壤、土地利用、土地权属等。DTM 可以是每三个坐标值为一组元的散点结构,也可以是整体的数字阵列,或由多项式或傅里叶级数所确定的曲面方程。数字地形模型是对区域地理空间数据描述的基本形式和手段之一,是进行地理空间分析的基础数据。

DTM(数字地形模型)和 DEM(数字高程模型)是 GIS 研究与应用的重要领域之一,它有着十分广泛的用途,而 DTM 及 DEM 常用的、最简单的表示形式就是栅格数字阵列,这些都对地理信息系统乃至环境信息系统处理栅格数据的能力提出了很高要求。

4)数字高程模型(digital elevation model,DEM)

将数字地形模型的地面特征用于描述地面高程,这时的 DTM 被称为"数字高程模型",简称 DEM。

数字高程模型是建立各种数字地形模型的基础,通过 DEM 可以方便地获得地表的各种特征参数,其应用可遍及整个地学领域。如在测绘中可用于绘制等高线、坡度图、坡向图、立体透视图、立体景观图,并应用于制作正射影像图、立体景观片、立体地形模型及地图的修测;在各种工程中可用于体积和面积的计算、各种剖面图的绘制及线路的设计;军事上可用于导航(包括导弹及飞机的导航)、通信、作战任务的计划等;在遥感中可作为分类的辅助数据;在环境与规划中可用于土地利用现状分析、规划及洪水险情预报等。

2.计算机系统

计算机系统一般分计算机硬件系统和计算机软件系统两大部分,是环境信息系统的核心内容,由于软件系统部分在本书有专门的章节来描述和说明,因此,本节中仅就其硬件系统,特别是与环境信息系统关系密切的几大要素作重点介绍,因为硬件是环境信息系统赖以存在的物理环境,主要包括计算机主机、输入/输出设备、存储设备。

1)计算机主机

计算机主机是环境信息系统的核心设备,主要负责对空间数据的处理、加工和分析。既可以单机运行,也可以在计算机网络环境中运行。计算机的核心内容是中央处理器,各种软件可以在大型机、小型机、工作站和微型机等多种计算机主机上,目前使用广泛的是图形工作站和微型机,近年随着个人微型机的硬件性能的大幅度提高,环境信息系统在微型机方面的应用正日益加强。

(1)图形工作站。

图形工作站产生于 20 世纪 80 年代,由于图形工作站具有友好的高层次界面,并且可以通过网络共享资源,图形功能强、硬件可扩充性好等优点。因此,图形工作站发展迅速,它的应用范围已经覆盖大型机和小型机,成为进行图形处理、科学计算的主流机型,许多大型空间信息系统多运行于图形工作站硬件平台上。

图形工作站作为交互式的计算机系统,其优点是具有高速的科学计算、丰富的图形处理、灵活的窗口和网络管理功能、可支持多种操作系统(Uuix、Windows NT、Linux)等。

世界上著名的工作站生产商有 Sun 公司、HP 公司、DEC 公司、IBM 公司和 SGI 公司等。在选择图形工作站时,主要从它的性能价格比及其使用程度出发。

(2)微型计算机。

通常把微机处理器构成的计算机称之微型计算机,自从 1971 年美国 Intel 公司研制出第一个微处理器以来,已经历了 4 位、8 位、16 位、32 位几代产品,目前已经发展到 64 位的 Pentium 芯片,短短数十年内,CPU 从 80386 到今天的 Pentium Ⅱ、Pentium Ⅲ、Pentium Ⅳ,采用复杂指令(CISC)到已经上市的 6 位新机型,内存储器可以支持 1GB 以及更高的扩展空间。

由于 Pentium 芯片的集成度越来越高,其运算速度也就越来越快,微型计算机性能得到不断提高,新近发展起来的个人计算机图形系统逐步成为图形工作站最强劲的对手,成为支持许多具有分析需求的地理信息系统和大规模数据构成的环境信息系统等硬件支持平台。

2)输入设备

环境信息系统的属性数据和空间数据有不同的获取方式。对属性数据的输入一般采用键盘和鼠标方式,当然也可以使用手写输入和语音输入等新技术。对于空间数据的输入一般采用两种方式输入,即一种是利用坐标数字化仪输入,另一种是扫描仪输入方式,扫描输入完成后,再利用矢量化软件或屏幕数据化方法将栅格图像转换为矢量图形。

(1)坐标数字化仪。

坐标数字化仪是一种将图形转变为计算机能够接受和处理的数字形式的专用设备,坐标数字化仪和计算机的连接大多采用标准的 RS232 接口。工作原理是采用电磁感应技术。

标准的坐标数字化仪有两个主要部分。其一是坚固的、内部有金属栅格阵列的图板,在它上面对图像进行数据化;其二是定位器,由它提供图形的坐标信息。二者内部有相应的控制电路,如定位器一般使用光笔,或者是多键的鼠标器,每一个键位对应一种特定的功能,还可以由用户进行设定。

坐标数字化仪的技术指标还有最大的有效幅面和最高分辨率等,最大有效幅面指能够有效进行数字化操作的最大面积,一般按工程图纸的规格来划分,如 A4、A3、A1 及 A0 等;分辨率是指数字化仪的输出坐标显示值增加 1 的最小可能距离,一般为每毫米几十线到几百线之间。

(2)扫描仪。

扫描仪是直接将图形和图像扫描输入至计算机中,以像素信息进行储存的设备。扫描仪按其所支持的颜色可分黑白两值扫描仪、灰度值扫描仪和彩色扫描仪;按照所采用的固态器件可将扫描仪分为电荷耦合器件(CCD)扫描仪、MOS 电路扫描仪和紧贴型扫描仪;按照结构又可将扫描仪分为滚筒式、平台式和 CCD 摄像扫描仪等。

衡量扫描仪的一个技术参数是分辨率,一般用每英寸的点数(DPI)表示扫描仪的分辨率、扫描仪的分辨率要求在 400DPI 以上。

环境空间信息的地形数据可以使用扫描仪进行输入,可以减少地图录入的工作量,对于矢量化工作,还需要使用矢量化软件或屏幕数据化等方法将栅格数据转换为矢量数据,这样的数据才能在系统中进行分析和处理。

3)输出设备

环境空间信息的输出设备主要有屏幕、打印机和绘图仪。

(1)打印机。

打印机是廉价的产生图纸的输出设备之一,从机械动作上分为撞击式和非撞击式两种。撞击式打印机使成型字符通过色带印制在纸上,如行式打印机、点阵式打印机等。非撞击式打印机常用的技术有喷墨技术和激光技术等,相应的类型为喷墨打印机和激光打印机,这类打印机设备速度快,噪声小,已逐步取代以往的撞击式打印机。

(2)喷墨绘图仪。

喷墨绘图仪的喷墨装置多数情况是安装在类似打印机的机头上,纸则绕在滚筒上并使之快速旋转,喷墨头则在滚筒上缓慢运动,并且把青色、品红、黄色,有时是黑色墨水喷到纸上。所有颜色同时附在纸上,这与激光打印机静电绘图仪不同。某些喷墨绘图仪可以接收视频以及数字信号,因此,可用于光栅显示屏幕的硬拷贝,此时图像分辨率受到视频输入分辨率的限制。

4）存储设备

存储系统是保存环境数据的物理介质。从体系结构上看可分为内存储器和外存储器。内存储器是直接与 CPU 连接，要求它在存取速度上与 CPU 相匹配，通常用半导体存储器芯片组成，由于成本高，容量通常不太大。大量的数据通常是保存在外存储器内，外存储器包括硬盘、磁带、光盘等，目前广泛使用的是磁盘和光盘。

（1）磁盘。

磁盘驱动器是信息管理应用中使用最为广泛的技术。磁盘作为数据库的存储介质已经很久了，一方面磁盘的存储密度不断提高，另一方面磁盘的销售价格不断下跌，使得磁盘仍然是我们普遍使用的数据存储介质。

在数据传输方面，由于目前的磁盘中都带有高速缓存，盘面读出的数据先送到缓存，再从缓存送到主机的内存储器。从盘面到缓存的内部传输率等于位存储密度乘以盘面的线速度，因此，提高盘转速有助于提高内部传输率。现在大多数硬磁盘机的盘速提高到 7200r/min，个别的如 Seagate 公司的 ST19101FC 和 IBM 公司的 Ultrastar 92X 都提高到 10000r/min 以上。从缓存到主机内存器的外部传输率则与所采用的接口标准有关，当前常见的 EIDE 接口只达 16.6MB/S。新的接口标准已经提出，如 Ultra－IDE 可达到 33MB/s，Fast SCSI 可达到 80MB/s，而光纤通道（FC－AL）可达到 200MB/s。

由于磁盘具有廉价、高速、大容量等优点，使得磁盘是大数据文件存储的有效的方式。可以存储大容量的地理数据，并能提供高速度的检索，可以很好地满足矢量数据结构的环境空间信息的要求。

从磁盘的可移动性来分，可分为移动硬盘和固定磁盘，随着移动硬盘性能的不断提高和容量的不断增加正日益受到青睐。

（2）廉价冗余磁盘阵列（RAID）。

随着空间数据和信息处理技术的发展，栅格影像数据越来越受到重视，而影像数据量巨大，例如较大地区的数字正射影像可能达到 500～1000GB。这么大的数据量是其他领域所涉及不到的。要解决这个问题，可以把所有的影像数据集成在一个影像数据库中，并设计在一个逻辑盘上。近年来逐步发展起来的廉价冗余磁盘阵列技术（redundant array of inexpensive disk，RAID）很好地解决了这个问题。

RAID 磁盘阵列系统的原理是利用若干台小型硬磁盘驱动器加上控制器组成一个整体，从用户来看是一个大磁盘。由于可有多台驱动器并行工作，大大提高了储存量和数据传输率，又因为采用了纠错技术，提高了可靠住。它允许带电更换磁盘驱动器，损坏的驱动器取下换上新的驱动器后，系统能自动生成原来驱动器上的数据。因此，它非常适合可靠性要求高的地方使用。此外，它的超大容量（有的可达 1000GB 以上），也是网络服务器、高性能并行计算机所需要的，它弥补了硬磁盘驱动器单台容量的不足，又不存在磁盘驱动器、光盘驱动器存取速度慢的缺点。

（3）光盘。

光盘是近几年来发展迅速的可换存储介质。使用最多的是 CD－ROM 盘。CD－ROM 属于只读媒介。它采用压印的工艺生产，大批量生产时成本低，非常适合数据交换以及电子出版物。CD－ROM 盘直径为 120mm，容量为 650MB 或 700MB 两种。

可多次读写 CD－RW 盘有多种材料。如采用染料、磁光材料、相变材料。CD－RW 盘采用 CD－R 格式，因此，刻录机可以共用。

DVD，在其发展初期，是指"digital video disc"，即"数字视盘"。随着光盘技术的进步，它不仅可以储存影视节目，而且可以储存音乐、数据，随着用途增多，人们就将这种类型的光盘统称"数字多用途光盘"，英文名是 digital versatile disc，简称 DVD。

光盘可作为环境信息系统数据的备份介质使用，另外还可以利用于环境大容量数据的分发。

3. 系统开发、管理和应用人员

人是任何一个信息系统中重要的构成要素，是信息系统的行为主体。信息系统在其设计、建立、运行和维护的整个生命周期中，处处需要人的参与，无处不体现着人的智慧和作用。一个完整的环境信息系统仅有系统软、硬件和数据是不够的，还需要人进行组织、管理、维护和数据更新、系统扩充完善、应用系统程序开发等，并需在人的大脑配合下，灵活采用适合的地理分析模型提取各类信息，为研究和决策服务。从使用环境信息系统目的、程度和应用能力可以把人分为系统开发人员、系统管理人员和普通用户（应用人员）等，对于一个完整的、实用的、优秀的系统来说都离不开这些人员的工作和协作。一般地，环境信息系统专业人员是环境信息系统应用成功与否的关键，而强有力的组织则是系统通畅运行的保障。

4.2.2　环境空间信息系统的构成

环境信息系统的信息有属性数据、空间数据（矢量数据和栅格数据）。空间属性数据和矢量数据并不是单独存在的，可以通过引入地理信息系统等技术将它们联系在一起，从而称其为环境空间信息系统，也可以称为环境 GIS。

1. 属性数据及其表示

在环境信息系统中部分信息是与地理对象的位置、分布、形状等空间信息无关的特性，用属性数据来表示。在矢量数据模型中，空间数据的单元是抽象化的点、线、面数据对象，其属性数据的具体内容，一般要比空间数据灵活原因是其在很大程度上依赖于系统设计对属性数据的内容和处理要求。如"道路"属性的描述，可以有名称、起点、到达点、长度、路宽、路面性质、路面等级、林荫带的有无、最大容许车速、最大容许承压等。这些属性数据,对于不同的信息系统有着各种选择的灵活性。如对于描述环境某一要素的信息系统来说,这部分内容都是必需的。另外,对于同样是"线"实体的河流来说,属性数据又有更大的不同。所以,同是点、线或面的空间数据类型,其属性数据也会千差万别。

属性数据这种随应用而变化的随意性,决定了它不可能有统一的数据格式,因而,从数据结构角度也难以建立各数据项之间的彼此联系,所以,环境中矢量数据模型下的属性数据,一般处理为"属性向量"形式——将各属性项看作是彼此无关的独立量(见图 4.4)。其中 $M \leqslant 225$。

| 属性 1 | 属性 2 | 属性 3 | 属性 4 | …… | 属性 M |

图 4.4　环境 GIS 的属性数据模型

至于栅格数据,由于数据单元对应的是区域空间,所以要表示区域空间内地物的属性,就只能对整个区域空间使用一种属性类的划分,这就是该栅格阵列的内容或"主题"。栅格数据这种以"主题"命名属性类别的方法我们称之为"主题模型"。也就是说,10 个栅格矩阵单元对应一种属性主题,如数据高程模型、地面坡度和坡向、土地利用类型等,至于每一个栅格单元的具体内容,不过是同一主题下的不同取值罢了。

2. 空间数据与属性数据的连接

在空间信息的矢量数据模型中,由于空间数据和属性数据采用了完全不同的数据结构模式,因此,为了实现空间数据对象与其属性数据的统一,就必须将两者连接起来,这一般通过一个共同的内部标识来实现(见图 4.5)。

图 4.5　空间数据与属性数据的连接

环境空间数据的建库一般流程,如图 4.6 所示:

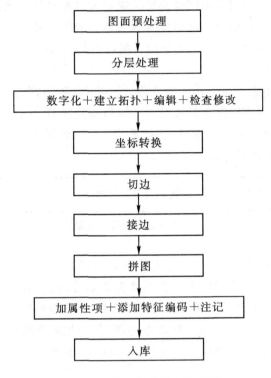

图 4.6　环境空间数据库流程图

4.2.3　环境信息系统分析功能

1. 环境信息系统的空间分析功能

环境信息系统区别于其他管理信息系统的最主要特征,是它不但拥有诸多的描述信息还具有地理空间数据。近些年来,随着环境保护和环境问题得到重视,环境数据的海量特征也显得越来越明显,这就要求环境信息系统具有能按照其在实际空间的相对位置关系对之进行处理分析的能力。它对地理空间数据的这种处理分析功能,组成了环境信息系统实际应用的主要方面,这也是其他常规空间信息系统所采取的分析功能。

1)空间统计分析

空间统计分析就是以空间地理实体为对象,对其形状、分布、空间相互关系进行的统计分析。空间统计分析在动、植物分布及生物种群研究、景观生态学、环境保护等领域用途广泛。如在景观分析及相关研究中,常用的多样性指数(如丰富度、均匀度、优势度等)、镶嵌度指数(如集聚度)、距离指数(如最小距离指数、连接度指数)、生境破碎化指数等,都可以通过对地理空间数据的坐标和属性数据,进行诸如空间自相关分析、变异矩和相关分析、波谱分析、空间趋势面分析及空间插值方法而得到。

2)空间叠置分析

空间叠加就是将环境的两个或多个图层以相同的空间位置重叠在一起,经过图形和属性运算,产生新的空间区域的过程。叠加的每幅图层称为一个叠置层,每个叠置层带有一个将用于综合运算的属性,一个叠置层反映了某一方面的专题信息。

叠加中的图形运算的复杂程度视数据结构的不同而有所不同。栅格数据由于已是对空间的规则划分,所以没有空间图形的运算,因为各个栅格的位置、大小对叠置层都应该是一致的。相比之下,矢量图的叠加就要复杂得多,这种复杂性来源于对空间线划相交的判断与计算,以及空间对象拓扑结构的重建等。由于矢量数据的图形精度高于栅格数据的精度,所以,矢量数据叠加的结果一般也优于栅格数据叠加的结果。

空间实体有点、线、面三种基本类别,叠加运算一般是在面状数据层之间或点、线要素数据层对面状数据层进行的,极少数情况也涉及点—线的叠加操作。

3)缓冲区分析

缓冲区是以某类图形元素(点、线或面)为基础拓展一定的宽度而形成的区域。

缓冲区在实际工作中具有重要意义,如查找一个噪声点源的影响范围可以以该点源为中心建立一个缓冲区,缓冲区的半径即最远的影响距离,又如一个飞机场噪声的影响范围是以飞机跑道为基准向外扩展的范围;在城市建设中,常常涉及拓宽道路的问题,拓宽道路需要计算房屋拆迁量,这需先用现有道路边线向外扩展一定的宽度而形成一个缓冲带,将该缓冲带与有关建筑物的数据层进行对比分析(或叠加分析)即可计算出拆迁量。

缓冲操作后形成一个或多个多边形区域,单独的缓冲区操作并没有太大的实际意义,缓冲区功能必须与其他空间分析一起使用才能发挥应有的作用。如前面的道路扩建例子,如果没有房屋层数据,不利用叠加功能,那么拆迁量是无法计算的。因此,缓冲区操作应理解为为达到某种目的而进行的一系列空间分析中的一部分,其数据可能来源于其他分析结果,其成果也能为进一步的分析提供数据。

此外,缓冲区操作可以是以矢量数据结构为基础进行的,也可以以栅格数据结构为基础进行。栅格数据的缓冲区操作具有相同的规律,只是运算更为简单,并且具有明显的扩展(见随后的介绍)特色。

4)空间扩展

缓冲区的区域内部是同值的,没有远、近与强、弱之分。如一个人从某点出发,十分钟所能走的路程范围是以该点为中心的一个圆,在缓冲区操作中该圆的内部被认为具有一致的属性,即为统一的"十分钟路程"区域。现假定要考察该区域内部的情况,如想知道每分钟向外行走的区域分布,此类问题就是所谓的空间扩展问题。

空间扩展是从一个或多个目标点开始逐步向外移动并同时计算某些变量的过程,适用于评定随距离而累加的现象。如上述例子中,向外行走累计的是时间,该值随距离的增大而增大。

扩展功能的突出特点是对每一步的评价函数的累计值都进行了记录,常见的评价函数为距离求和、时间求和(累计),其间也考虑到限制因素。

5)网络分析

对地理网络进行地理分析和模型化,是环境信息系统中网络分析功能的主要目的。网络分析是运筹学的一个基本模型,它的根本目的是研究、筹划一项网络工程如何安排,并使其运行效果最好。这类问题在生产、社会、经济活动中不胜枚举,因此,进行网络分析研究具有重大意义。

所谓网络(network),是指线状要素相互连接所形成的一个线状模式,如道路网、管线网、电力网、河流网等。网络的作用是将资源从一个位置移动到另一个位置。资源在运送过程中会产生消耗、堵塞、减缓等现象,这表明网络系统中必须有一个合理的体制,使得资源能够顺利流动。

网络功能用于模拟那些难以直接量测的行为。一个网络模型中,实际的网络要素由一套规则及数学函数描述。而基于空间信息系统的空间网络分析则往往是将这些规则及数字上的描述通过某些形式转换到空间及属性数据库中,以便于运算。

网络分析是在线状模式基础上进行的,线状要素间的连接形式十分重要,而这种连接以矢量数据结构描述最好,因而一般系统中的网络功能都以矢量数据来实现。

网络分析的形式有多种,常用的三种功能为:网络负荷预测、线路优化(最优路径)和资源分配。

6)三维分析

三维信息是二维平面信息向立体方向的扩展,日常人们所见的地形起伏、高耸的建筑物等都是三维的概念,它们是现实世界的真实体现。从测绘的角度讲,地形图纸是一个平面,它不能直观描述真实世界的三维景观,于是只能在测绘图上间接地表示出来,如用等高线方式描述地形的起伏状况,用层数标注来大体说明建筑物的高度等。随着对二维平面数据结构及其分析方法研究取得比较成熟的成果,对三维方法的研究势在必行,三维分析功能也应成为环境信息系统功能的一个重要组成部分。

4.3　环境遥感信息获取与处理

4.3.1　简述

环境信息离不开遥感信息,由于环境信息自身的特点,又可以说其已经成为遥感技术的一个分支。遥感信息一般包括航空遥感信息和航天遥感信息,因为遥感(remote sensing ，RS），从广义上说是指从远处探测、感知物体或事物的技术。即不直接接触物体本身，从远处通过仪器（传感器）探测和接收来自目标物体的信息（如电场、磁场、电磁波、地震波等信息），经过信息的传输及其处理分析，识别物体的属性，及其分布等特征的技术。作为一个术语，"remote sensing"（遥感）一词首先是由美国海军科学研究部的布鲁依特（ELPruitt）提出来的。20 世纪 60 年代初在由美国密执安大学等组织发起的环境科学讨论会上正式被采用，此后"遥感"这一术语得到科学技术界的普遍认同和接受，而被广泛运用。它是在航空摄影测量的基础上，随着空间技术、电子计算机技术等当代科技的迅速发展，以及地学、生物学等学科发展的需要，发展形成的一门新兴技术学科。从以飞机为主要运载工具的航空遥感，发展到以人造地球卫星、宇宙飞船和航天飞机为运载工具的航天遥感，大大地扩展了人们的观察视野及观测领域，形成了对地球资源和环境进行探测和监测的立体观测体系，使地理学的研究和应用进入到一个新阶段。遥感信息从来源上有航空遥感信息和航天遥感信息，均是环境制图和地理制图的重要依据，它们各具特性。航空遥感是以飞机为平台，从空中拍摄地面的景物。航空摄影的种类众多，如垂直摄影、倾斜摄影等。

在航天遥感中，由地面接收站或遥测数据站所采集到的图像数据分别经过粗、精处理和特殊处理获得的图像数据，一般统称为遥感资料。

多光谱图像特征分析是环境遥感信息获取的途径之一，它主要是依据多个波段地物图像的空间分布特征作为主要变量进行分类的。因为任何地物都具有不同的波谱特征，此外，同一地物在不同波段记录的波谱特性是有差异的，故此在各波段图像上的色调均有明显的反应，因而它就构成一定的灰阶作为分类的识别标志。所以，利用不同波段识别分类，有助于揭示地物空间分布及其彼此影像的相关性。这种以地物波谱特征为主要判别标志来划分类型的方法，对于土地利用、植被覆盖之类图形的编制，效果较为理想。

然而在自然界中，各地物的波谱特性的反映往往是受自然诸要素综合影响的结果，所以在实际工作中人们对某些复杂的类型图（如地质、土壤、植被和景观图）进行自动分类编图时，除了考虑多光谱特征外，还应考虑到起主要作用的多因素制约指标和各专业的特点。

4.3.2　环境遥感信息的特征

随着遥感技术不断普及和深入，环境遥感信息处理和应用也正得到广泛认知。环境遥感技术的基础是通过观测电磁波，从而判读和分析环境中的目标以及现象，其中就利用了环境地物的吸收电磁波的特性，即地球上物体在电磁波的作用均有不同程度的反射和辐射，由于其种类及其环境条件不同，因而具有反射或辐射不同波长的电磁波特性，所以遥感也可以说是一种用物体反射或辐射电磁波的固有特性，通过观测电磁波、识别物体以及物体存在环境条件的技术。

几种常见环境地物反射系数值如表 4-2 所示。

同时,不同波段的卫星影像数据对地物敏感性反应不尽相同,所以卫星遥感数据的用途也不同,以 TM 数据为例,通常所说的 TM 影像是指美国第二代陆地资源卫星 Landsat—5TM 数据,卫星飞行高度 705km 扫描视场角 15.3°,每景图像覆盖的地面面积约 $180×180km^2$,空间分辨率 30m 及 120m(热红外谱段),共有 7 个波段,是目前较为普遍使用的卫星数据,各波段及主要用途见表 4-3。

表 4-2　几种常见环境地物反射系数值　　　　　　(单位%)

地　物	反射系数	地　物	反射系数
深黑色森林	3	花岗石	18
黑色沥青	2	浅黄色沙地	24
水	5	镀锌铁皮	27
开阔草地	6	红色涂料	29
街道和屋顶	7	钢铁	33
石灰色涂料	10	混凝土	36
深褐色土壤	11	石棉水泥制品	42
烧制黄砖	13	铝	52
深色混凝土	17	雪	80

表 4-3　Landsat-5TM 信息的波谱特征

波段	波长/μm	用途
1	0.45~0.52(蓝绿光光谱)	水质、水深、水流,区别土壤植被,区别针、阔叶林
2	0.52~0.60(蓝光光谱)	水质、健康植被绿光反射及反映水下特征
3	0.63~0.69(红光光谱)	水质、测量叶绿素吸收率,进行植被分类
4	0.76~0.90(近红外光谱)	用于生物两和作物长势测定,椰肉组织强反射区
5	1.55~1.75(近红外光谱)	土壤水分和地质研究,区别云雪
6	10.4~12.50(远红外光谱)	热异常探测、热分布制图,水与植物的热强测定
7	2.08~2.35(近红外光谱)	地质岩性及土壤类型识别,突出岩石的水热浊变

作为环境信息的信息源,陆地卫星 TM 图像从空间分辨率来看,比 SPOT 图像低。这对于一些大类中的碎小地物提取会遇到一定困难。不过,由于 TM 图像具有较多的波段,利于窄谱波段地物类型的识别提取。对于森林植被的分类,在 TM 图像中:

TM3(0.63~0.6μm),是叶绿素的主要吸收波段,对区分植物种类与植物覆盖度有利。

TM4(0.76～0.90μm),它是植物识别中通用的波段,其因受植物细胞结构控制,对绿色植物类别差异反应最为敏感。因此,该波段通常应用于生物量和农作物长势的调查研究。

TM5(1.55～1.75μm),其适于植物含水量的调查,用于作物区分和长势的分析。

TM2(0.52～0.60μm),对健康茂盛植物反应敏感,利于探测健康植物绿色反射比,所以,有时也利用该波段增强区分林型、树种的能力。

通过上述波段对植物和森林识别作用的分析,我们就可以依靠不同的要求和提取目标的各自条件,进行选择和确定最佳波段组合。在波段选取和组合过程中,还应分析诸波段之间的相关性。在 TM 图像各波段中,TM1、TM2 与 TM3 之间相关性大;而 TM4、TM5 与 TM7 的独立性较强,且 TM5、TM7 又有较高的相关性。

4.3.3　环境遥感信息获取方法

环境遥感数据的处理方法,通常是遥感软件的支持下将图像形式的遥感数据展开处理,主要包括纠正、增强、变换、滤波、分类等功能,其中纠正又分为几何纠正和辐射纠正。其目的是提取各种专题信息,如土地利用情况、植被分布和覆盖率、农作物产量和水深等,遥感图像处理可以采用光学处理和数字处理两种方式。

利用环境遥感技术,可以更迅速、客观、准确地检测环境信息;同时,由于遥感数据的空间分布特征,加上与 GIS 集成后形成的新型数据形式,可以作为环境空间信息系统的一个重要数据来源,以实时更新空间数据。

遥感数据的处理方法因在本书第 4 章中已有描述,在此不再重复,仅就 GIS 集成的部分作一介绍,着重讨论在 GIS 背景平台上的应用和方法。

1. GIS 与遥感的集成方法

简而言之,地理信息系统是用于分析和显示空间数据的系统,而遥感影像是空间数据的一种形式,类似于 GIS 的栅格数据,使用上常常将其视为栅格数据看待。因而很容易在数据层面上进行二者的集成,在软件实现上,GIS 与遥感的集成,可以有三个不同的层次:一是分离的数据库,通过文件转换工具在不同系统之间传输文件;二是两个软件模块具有一致的用户界面和同步的显示;三是集成的最高目的是实现单一的、提供了图像处理功能的 GIS 软件系统。

在一个遥感和地理信息的集成信息系统中,遥感数据和 GIS 均是重要信息来源,也是作为环境信息系统遥感图像解译和地理分析的强有力的辅助工具。但要注意的是遥感图像的处理和 GIS 中栅格数据的分析有区别,遥感图像处理的目的是提取各种专题信息,其中的一些处理功能,如图像增强、滤波、分类及一些特有的变换处理(如陆地卫星的 KT 变换)等,这类处理只能在专业遥感处理软件中实现,如 ER-DAS IMAGINE 软件中有专门的模块来完成这类处理和分析,并不完全适用于 GIS 中的栅格空间分析,因为目前大多数 GIS 软件也没有提供完善的遥感数据处理能力,而遥感图像处理软件又不能很好地处理 GIS 数据,而一个强大的环境信息系统要具备将 GIS 与 RS 集成的能力或是包容集成信息的能力。

2. GIS 作为图像处理工具

遥感数字图像处理是指利用计算机对遥感图像及其资料进行的各种技术处理。它处理快捷、准确、客观,为遥感图像的信息提取,以及遥感的定量分析研究提供了方便和基础。亦为地理信息系统的信息及时更新和补充,提供了条件。遥感数字图像处理已成为现代遥感的重要组成部分。

将 GIS 作为遥感图像的处理工具,可以在以下几方面增强标准图像的处理功能,达到期望的效果。

1)几何纠正和辐射纠正

在环境遥感图像和信息的实际应用中,需要首先将其转换到某个地理坐标系下,即所谓的几何纠正。通常几何纠正的方法是利用采集地面控制点建立多项式的拟合公式,它们可以从 GIS 的矢量数据库中抽取出来,然后确定每个点在图像上对应的坐标,并建立纠正公式。在纠正完成后,可以将矢量点叠加在图像上,以判断纠正的效果。为了完成上述功能,需要系统能够综合处理栅格和矢量数据。

对因为地形的影响而产生几何畸变的环境图像数据,如侧视雷达(dide-ways-looking radar)、阴影(shadow)、前向压缩(fore-shorting)等,进行纠正、解译时需要使用 DEM 数据以消除畸变。此外,由于地形起伏引起光照的变化,也会在图像上表现出来,如阴坡和阳坡的亮度差别,可以利用 DEM 进行辐射纠正,提高图像分类的精度和效率。

2)图像分类

对于遥感图像分类,与 GIS 集成最为明显的特征和优势是训练区的选择,通过矢量/栅格的综合查询,可以计算多边形区域的图像统计特征,评判分类效果,进而改善分类方法。

同时集成后在图像分类中,将矢量栅格化,并作为"遥感影像"参与分类,可以提高分类精度。例如,考虑到植被的垂直分布地带性特点,在进行山区的植被分类时,可以结合 DEM 或数据等高线(高程),将其作为一个分类变量以改善分类质量,这种方法对于如云南多山地区的植被分类的效果显而易见。

3. 感兴趣区域的选取

感兴趣区域的确定和选取,是在一些遥感图像处理中,常常需要只对某一区域进行运算,以提取某些特征,这需要栅格数据和矢量数据之间的相交运算。

4. 遥感数据是环境信息系统的信息来源

数据是环境信息系统中最为重要的成分,而遥感数据和地理信息系统提供了准确的、实时的数据。目前如何从遥感数据中自动获取地理信息来增强环境信息系统等内容依然是一个重要的探究课题,仍有相当内容需要进一步的研究,主要包括如下的一些方面。

1）线状地物以及其他地物要素的提取

在图像处理过程中，有许多边缘检测（edge detection）滤波算子，可以用于提取区域的边界（如水陆边界）以及线形地物（如道路、断层），其结果可以用于更新现有GIS 数据库，该过程类似于扫描图像的矢量化。

2）DEM 数据的生成

利用航空立体像对 Stereo Imagine 以及雷达影像，可以生成较高精度的 DEM数据。

3）土地利用变化以及地图更新

利用遥感数据更新空间数据，最为直接的方法就是以纠正后的遥感图像作为背景底图，并根据其进行矢量数据的编辑修改。而对遥感图像数据进行分类解译得到的结果可以添加到 GIS 数据库中。但要达到理想的效果，通常要进行相应处理，因为图像分类的结果是栅格数据，需将栅格数据转为矢量数据，专业的遥感处理软件均提供这一功能。如果不进行转换，则可以直接利用栅格数据进一步分析，只要系统提供栅格/矢量相交的检索功能。

总之，遥感数据可以视为一种特殊的栅格数据，所以，在工具软件的支持下不难实现与 GIS 的集成，因为工具软件中提供了非常方便的栅格/矢量相互操作和相互转换功能，但是要注意的是，由于各种因素的影响，使得从遥感数据中提取的信息不是绝对准确的，如我们在植被类型判读和分类中，80％～90％的分类精度就是比较满意的结果了，特别是地形较为多样的山地区域获得这样的效果是难得的，但仍要对其结果进行实际野外考察与验证，通常可以采用 GPS 进行现场定位，以便进一步纠正误差。

此外，还要考虑尺度问题，即遥感影像空间分辨率和 GIS 数据比例尺的对应关系，例如在以往的实践中，一个常见的问题是，地面分辨率为 30 米的 TM 卫星影像数据，进行几何校正时，需要多大比例尺的地形图以采集地面控制点坐标，而其分类结果可以用来更新多大比例尺的植被分类数据，根据工作经验，合适的比例尺可为1∶500000～1∶100000，太大则遥感数据精度达不到，过小则使遥感数据得不到充分利用。

4）资源综合调查

例如，云南省 2003 年完成的云南省国土资源遥感综合调查，在短短的几年内，完成了云南省土地资源调查及开发利用现状评价、云南省矿产资源调查及开发利用现状评价、云南省水资源调查及开发利用现状评价、云南省森林资源调查及开发利用现状评价、云南省地质构造及区域稳定性调查评价、云南省土壤侵蚀调查与分区评价、云南省生态环境现状综合评价调查等 10 余项专题研究成果，如果要按传统方法，这么大的工作量，在如此短的时间内，以较低成本高效率地完成此项工作是完全不可能的,明显地,遥感自动制图比传统的调查制图效率要高很多倍。而全省涉及的卫星影像数据 TM 29 景,绝大多数资料为 1995—2000 年资料,一般时间差 5 年,较好保证了研究工作的现势性,并以 1∶50 万国家基础地理信息库为基础,初步建立了省级国土资源信息系统。

习　题

一、名词解释

1. 数据（Data）

2 遥感(RS)

3. 环境信息系统(EIS)

4. 栅格数据结构

5. DEM

6. 叠层分析

7. 坡度

8. 数字地图

二、简答题

1. 简述栅格数据结构和矢量数据结构有何优缺点。

2. GIS 的主要数据来源有哪些? 通常的数据采集方法有哪些?

3. 简述栅格数据向矢量数据转换过程。

4. 失量数据结构获取方法

5. 栅格数据结构获取方法

三、论述题

1. 叙述地理信息系统的构成,并从硬件和软件两个方面阐述其构成。

2. 浅淡环境信息系统的应用。

参考答案

第5章 环境信息系统实现的软件支持

环境信息系统实现的关键技术是计算机技术和软件,信息系统建设的成功与否除了有合理的设计、良好的运作和充实的内容外,选择一个适合的软件,并熟练地掌握和使用对信息系统建设来讲同样是至关重要的。这可以缩短开发周期、提升信息系统运行的科学性、稳定性及可靠性,并在一定程度上节约人力、物力和财力。

下面将要介绍的数据库软件桌面 Paradox7.0 系统、地理信息软件 ArcGIS9.0、遥感处理软件 ERDAS IMAGINE8.7 以及信息系统开发语言 Delphi7.0 等软件,近些年来常用在工作和教学实践中,也是当今业内许多人士常用的软件和工具。

数据库系统 Paradox7.0 主要用于关系数据库的建立、编辑和修改,它支持多种数据库格式,能够处理信息量较大的多媒体数据流,查询方式采用通用的 SQL 语言模式,操作简便。这些将通过本章的介绍得以体现,它是环境信息管理的桌面工具。

地理信息系统 ArcGIS9.0 和遥感处理软件 ERDAS IMAGINE8.7 是具有空间数据处理和分析的两大主流软件,在空间数据获取方面由于功能强大、兼容性好和易掌握等优势而被普遍使用。

Borland 公司的开发语言 Delphi7.0,采用语法极为规范严谨的 Pascal 语言基础,是世界上编译最快、脱离环境最彻底的语言开发工具。开发环境中不但有功能众多的控件集成,并对各类数据库如 Foxbase、Dbase Ⅲ、MSAccess、Oracle、SYBASE、INFORMIX、SQL Server 等有良好支持,还通过 Active X 技术实现了与 MapObject、Mapx 等地理空间查询控件的无缝连接,在管理信息系统和空间信息管理查询与管理系统开发中扮演着重要角色。

5.1 数据库软件系统

5.1.1 MySQL(关系型数据库管理系统)

MySQL 是一个关系型数据库管理系统,由瑞典 MySQL AB 公司开发,目前属于 Oracle 旗下产品。MySQL 是最流行的关系型数据库管理系统之一,在 web 应用方面,MySQL 是最好的 RDBMS(relational database management system,关系数据库管理系统)应用软件。

MySQL 是一种关系数据库管理系统,关系数据库将数据保存在不同的表中,而不是将所有数据放在一个大仓库内,这样就增加了速度并提高了灵活性,也体现出

MySQL 在存储数据和管理数据方面的优势。

　　MySQL 所使用的 SQL 语言是用于访问数据库的最常用标准化语言。MySQL 软件采用了双授权政策，分为社区版和商业版，由于其体积小、运行速度快、总体拥有成本低，尤其是开放源码这一特点，一般中小型网站的开发都选择 MySQL 作为网站数据库。

　　由于其社区版的性能卓越，搭配 PHP 和 Apache 可组成良好的开发环境。

1. 应用环境

　　与其他的大型数据库例如 Oracle、DB2、SQL Server 等相比，MySQL 虽有它的不足之处，但是这丝毫也没有减少它受欢迎的程度。对于一般的个人使用者和中小型企业来说，MySQL 提供的功能已经绰绰有余，而且由于 MySQL 是开放源码软件，因此可以大大降低总体拥有成本。

　　Linux 作为操作系统，Apache 或 Nginx 作为 Web 服务器，MySQL 作为数据库，PHP/Perl/Python 作为服务器端脚本解释器。由于这四个软件都是免费或开放源码软件(FLOSS)，因此使用这种方式不用花一分钱就可以建立起一个稳定、免费的网站系统，被业界称为"LAMP"或"LNMP"组合。

2. 系统特性

　　(1)使用 C 和 C++编写，并使用了多种编译器进行测试，保证了源代码的可移植性。

　　(2)支持 AIX、FreeBSD、HP－UX、Linux、Mac OS、NovellNetware、OpenBSD、OS/2 Wrap、Solaris、Windows 等多种操作系统。

　　(3)为多种编程语言提供了 API。这些编程语言包括 C、C++、Python、Java、Perl、PHP、Eiffel、Ruby、NET、Tcl 等。

　　(4)支持多线程，充分利用 CPU 资源，提升运行速度。

　　(5)优化的 SQL 查询算法，有效地提高查询速度。

　　(6)既能够作为一个单独的应用程序应用在客户端服务器网络环境中，也能够作为一个库而嵌入到其他的软件中。

　　(7)提供多语言支持，常见的编码如中文的 GB2312，BIG5，日文的 Shift_JIS 等都可以用作数据表名和数据列名。

　　(8)提供 TCP/IP、ODBC 和 JDBC 等多种数据库连接途径。

　　(9)提供用于管理、检查、优化数据库操作的管理工具。

　　(10)支持大型的数据库。可以处理拥有上千万条记录的大型数据库。

　　(11)支持多种存储引擎。

　　(12)MySQL 是开源的，所以不需要支付额外的费用。

　　(13)MySQL 使用标准的 SQL 数据语言形式。

　　(14)MySQL 对 PHP 有很好的支持，PHP 是目前最流行的 web 开发语言。

(15)MySQL 是可以定制的,采用了 GPL 协议,用户可以修改源码来开发自己的 MySQL 系统。

(16)在线 DDL/更改功能,数据架构支持动态应用程序和开发人员灵活性(5.6 新增)。

(17)复制全局事务标识,可支持自我修复式集群。

(18)复制无崩溃从机,可提高可用性。

(19)复制多线程从机,可提高性能。

(20)3 倍更快的性能。

(21)新的优化器。

(22)原生 JSON 支持。

(23)多源复制。

(24)GIS 的空间扩展。

3. 存储引擎

(1)MyISAMMySQL 5.0 之前的默认数据库引擎,最为常用。拥有较高的插入,查询速度,但不支持事务。

(2)InnoDB 事务型数据库的首选引擎,支持 ACID 事务,支持行级锁定,MySQL 5.5 起成为默认数据库引擎。

(3)BDB 源自 Berkeley DB,事务型数据库的另一种选择,支持 Commit 和 Rollback 等其他事务特性。

(4)Memory 所有数据置于内存的存储引擎,拥有极高的插入,更新和查询效率。但是会占用和数据量成正比的内存空间。并且其内容会在 MySQL 重新启动时丢失。

(5)Merge 将一定数量的 MyISAM 表联合而成一个整体,在超大规模数据存储时很有用。

(6)Archive 非常适合存储大量的独立的,作为历史记录的数据。因为它们不经常被读取。Archive 拥有高效的插入速度,但其对查询的支持相对较差。

(7)Federated 将不同的 MySQL 服务器联合起来,逻辑上组成一个完整的数据库。非常适合分布式应用。

(8)Cluster/NDB 高冗余的存储引擎,用多台数据机器联合提供服务以提高整体性能和安全性。适合数据量大,安全和性能要求高的应用。

(9)CSV:逻辑上由逗号分割数据的存储引擎。它会在数据库子目录里为每个数据表创建一个 .csv 文件。这是一种普通文本文件,每个数据行占用一个文本行。CSV 存储引擎不支持索引。

(10)BlackHole:黑洞引擎,写入的任何数据都会消失,一般用于记录 binlog 做复制的中继。

(11)EXAMPLE 存储引擎是一个不做任何事情的存根引擎。它的目的是作为

MySQL 源代码中的一个例子,用来演示如何开始编写一个新存储引擎。同样,它的主要兴趣是对开发者。EXAMPLE 存储引擎不支持编索引。

另外,MySQL 的存储引擎接口定义良好。开发者可以通过阅读文档编写自己的存储引擎。

4. 索引

1)索引功能

索引是一种特殊的文件(InnoDB 数据表上的索引是表空间的一个组成部分),它们包含着对数据表里所有记录的引用指针。索引不是万能的,索引可以加快数据检索操作,但会使数据修改操作变慢。每修改数据记录,索引就必须刷新一次。为了在某种程度上弥补这一缺陷,许多 SQL 命令都有一个 DELAY_KEY_WRITE 项。这个选项的作用是暂时制止 MySQL 在该命令每插入一条新记录和每修改一条现有之后立刻对索引进行刷新,对索引的刷新将等到全部记录插入/修改完毕之后再进行。在需要把许多新记录插入某个数据表的场合,DELAY_KEY_WRITE 选项的作用将非常明显。另外,索引还会在硬盘上占用相当大的空间。因此应该只为最经常查询和最经常排序的数据列建立索引。注意,如果某个数据列包含许多重复的内容,为它建立索引就没有太大的实际效果。

从理论上讲,完全可以为数据表里的每个字段分别建一个索引,但 MySQL 把同一个数据表里的索引总数限制为 16 个。

(1)InnoDB 数据表的索引。在 InnoDB 数据表上,索引不仅会在搜索数据记录时发挥作用,还是数据行级锁定机制的基础。"数据行级锁定"的意思是指在事务操作的执行过程中锁定正在被处理的个别记录,不让其他用户进行访问。这种锁定将影响到(但不限于)SELECT、LOCKINSHAREMODE、SELECT、FORUPDATE 命令以及 INSERT、UPDATE 和 DELETE 命令。出于效率方面的考虑,InnoDB 数据表的数据行级锁定实际发生在它们的索引上,而不是数据表自身上。显然,数据行级锁定机制只有在有关的数据表有一个合适的索引可供锁定的时候才能发挥效力。

(2)限制。如果 WHERE 子句的查询条件里有不等号(WHERE coloum ! =),MySQL 将无法使用索引。类似地,如果 WHERE 子句的查询条件里使用了函数(WHERE DAY(column)=),MySQL 也将无法使用索引。在 JOIN 操作中(需要从多个数据表提取数据时),MySQL 只有在主键和外键的数据类型相同时才能使用索引。

如果 WHERE 子句的查询条件里使用比较操作符 LIKE 和 REGEXP,MySQL 只有在搜索模板的第一个字符不是通配符的情况下才能使用索引。例如说,如果查询条件是 LIKE'abc%',MySQL 将使用索引;如果查询条件是 LIKE'%abc',MySQL 将不使用索引。

在 ORDER BY 操作中,MySQL 只有在排序条件不是一个查询条件表达式的情况下才使用索引(虽然如此,在涉及多个数据表查询里,即使有索引可用,那些索引在加快 ORDER BY 方面也没什么作用)。如果某个数据列里包含许多重复的值,就算为它建立了索引也不会有很好的效果。例如,如果某个数据列里包含的是诸如"0/1"或"Y/N"等值,就没有必要为它创建一个索引。

2)索引类别

(1)普通索引。普通索引(由关键字 KEY 或 INDEX 定义的索引)的唯一任务是加快对数据的访问速度。因此,应该只为那些最经常出现在查询条件(WHERE column ＝)或排序条件(ORDER BY column)中的数据列创建索引。只要有可能,就应该选择一个数据最整齐、最紧凑的数据列(如一个整数类型的数据列)来创建索引。

(2)唯一索引。普通索引允许被索引的数据列包含重复的值。例如,因为人有可能同名,所以同一个姓名在同一个"员工个人资料"数据表里可能出现两次或更多次。

如果能确定某个数据列将只包含彼此各不相同的值,在为这个数据列创建索引的时候就应该用关键字 UNIQUE 把它定义为一个唯一索引。这么做的好处:一是简化了 MySQL 对这个索引的管理工作,这个索引也因此而变得更有效率;二是 MySQL 会在有新记录插入数据表时,自动检查新记录的这个字段的值是否已经在某个记录的这个字段里出现过了;如果是,MySQL 将拒绝插入那条新记录。也就是说,唯一索引可以保证数据记录的唯一性。事实上,在许多场合,人们创建唯一索引的目的往往不是为了提高访问速度,而只是为了避免数据出现重复。

(3)主索引。必须为主键字段创建一个索引,这个索引就是所谓的"主索引"。主索引与唯一索引的唯一区别是:前者在定义时使用的关键字是 PRIMARY 而不是 UNIQUE。

(4)外键索引。如果为某个外键字段定义了一个外键约束条件,MySQL 就会定义一个内部索引来帮助自己以最有效率的方式去管理和使用外键约束条件。

(5)复合索引。索引可以覆盖多个数据列,如像 INDEX (columnA, columnB)索引。这种索引的特点是 MySQL 可以有选择地使用一个这样的索引。如果查询操作只需要用到 columnA 数据列上的一个索引,就可以使用复合索引 INDEX(columnA, columnB)。不过,这种用法仅适用于在复合索引中排列在前的数据列组合。例如,INDEX(A、B、C)可以当作 A 或(A、B)的索引来使用,但不能当作 B、C 或(B、C)的索引来使用。

3)索引长度

在为 CHAR 和 VARCHAR 类型的数据列定义索引时,可以把索引的长度限制为一个给定的字符个数(这个数字必须小于这个字段所允许的最大字符个数)。这么做的好处是可以生成一个尺寸比较小、检索速度却比较快的索引文件。在绝大多数应用里,数据库中的字符串数据大都以各种各样的名字为主,把索引的长度设置为10～15 个字符已经足以把搜索范围缩小到很少的几条数据记录了。在为 BLOB 和

TEXT 类型的数据列创建索引时,必须对索引的长度做出限制;MySQL 所允许的最大索引全文索引文本字段上的普通索引只能加快对出现在字段内容最前面的字符串(字段内容开头的字符)进行检索操作。如果字段里存放的是由几个、甚至是多个单词构成的较大段文字,普通索引就失去作用。这种检索往往以 LIKE% word% 的形式出现,这对 MySQL 来说很复杂,如果需要处理的数据量很大,响应时间就会很长。

这类场合正是全文索引(full-textindex)可以大显身手的地方。在生成这种类型的索引时,MySQL 将把在文本中出现的所有单词创建为一份清单,查询操作将根据这份清单去检索有关的数据记录。全文索引即可以随数据表一同创建,也可以等有必要时再使用命令添加。

ALTER TABLEtablename ADD FULLTEXT(column1、column2)有了全文索引,就可以用 SELECT 查询命令去检索那些包含着一个或多个给定单词的数据记录了。下面是这类查询命令的基本语法:

SELECT ＊ FROMtablename

WHERE MATCH (column1、column2) AGAINST(word1,word2,word3)

上面这条命令将把 column1 和 column2 字段里有 word1、word2 和 word3 的数据记录全部查询出来。

注解:InnoDB 数据表不支持全文索引。

4)查询和索引

只有当数据库里已经有了足够多的测试数据时,它的性能测试结果才有实际参考价值。如果在测试数据库里只有几百条数据记录,它们往往在执行完第一条查询命令之后就被全部加载到内存里,这将使后续的查询命令都执行得非常快——不管有没有使用索引。只有当数据库里的记录超过了 1000 条、数据总量也超过了 MySQL 服务器上的内存总量时,数据库的性能测试结果才有意义。

在不确定应该在哪些数据列上创建索引的时候,人们从 EXPLAIN SELECT 命令那里往往可以获得一些帮助。这其实只是简单地给一条普通的 SELECT 命令加一个 EXPLAIN 关键字作为前缀而已。有了这个关键字,MySQL 将不是去执行那条 SELECT 命令,而是去对它进行分析。MySQL 将以表格的形式把查询的执行过程和用到的索引等信息列出来。

在 EXPLAIN 命令的输出结果里,第 1 列是从数据库读取的数据表的名字,它们按被读取的先后顺序排列。type 列指定了本数据表与其他数据表之间的关联关系(JOIN)。在各种类型的关联关系当中,效率最高的是 system,然后依次是 const, eq-ref, ref, range, index 和 All(All 的意思是:对应于上一级数据表里的每一条记录,这个数据表里的所有记录都必须被读取一遍,这种情况往往可以用一索引来避免)。

possible-keys 数据列给出了 MySQL 在搜索数据记录时可选用的各个索引。key 数据列是 MySQL 实际选用的索引,这个索引按字节计算的长度在 key-len 数据列里给出。例如,对于一个 INTEGER 数据列的索引,这个字节长度将是 4。如果用到了复合索引,在 key-len 数据列里还可以看到 MySQL 具体使用了它的哪些部分。作为一般规律,key-len 数据列里的值越小越好。

ref 数据列给出了关联关系中另一个数据表里的数据列的名字。row 数据列是 MySQL 在执行这个查询时预计会从这个数据表里读出的数据行的个数。row 数据列里的所有数字的乘积可以大致了解这个查询需要处理多少组合。

最后,extra 数据列提供了与 JOIN 操作有关的更多信息,例如,如果 MySQL 在执行这个查询时必须创建一个临时数据表,就会在 extra 列看到 usingtemporary 字样。

5. 管理工具

可以使用命令行工具管理 MySQL 数据库(命令 mysql 和 mysqladmin),也可以从 MySQL 的网站下载图形管理工具 MySQL Administrator, MySQL Query Browser 和 MySQL Workbench。

phpMyAdmin 是由 PHP 写成的 MySQL 资料库系统管理程程序,让管理者可用 web 界面管理 MySQL 资料库。

phpMyBackupPro 也是由 PHP 写成的,可以通过 web 界面创建和管理数据库。它可以创建伪 cronjobs,可以用来自动在某个时间或周期备份 MySQL 数据库。

另外,还有其他的 GUI 管理工具,例如 mysql－front 以及 ems mysql manager, navicat 等。

6. 解决方法

MySQL 中文排序错误的解决方法

1)方法 1

在 MySQL 数据库中,进行中文排序和查找的时候,对汉字的排序和查找结果是错误的。这种情况在 MySQL 的很多版本中都存在。如果这个问题不解决,那么 MySQL 将无法实际处理中文。

出现这个问题的原因是:MySQL 在查询字符串时是大小写不敏感的,在编绎 MySQL 时一般以 ISO－8859 字符集作为默认的字符集,因此在比较过程中中文编码字符大小写转换造成了这种现象,一种解决方法是对于包含中文的字段加上"binary"属性,使之作为二进制比较,例如将"name char(10)"改成"name char(10)binary"。

2)方法 2

如果使用源码编译 MySQL,编译 MySQL 时可以使用-with-charset＝gbk 参数,这样 MySQL 就会直接支持中文查找和排序了。

7. MySQL PHP 语法

MySQL 可应用于多种语言,包括 PERL、C、C++、JAVA 和 PHP。在这些语言中，MySQL 在 PHP 的 web 开发中应用最广泛。

在本教程中我们大部分实例都采用了 PHP 语言。

PHP 提供了多种方式来访问和操作 MySQL 数据库记录。PHP MySQL 函数格式如下：

```
1  mysql_function(value,value,...);
```

```
1  以上格式中function部分描述了mysql函数的功能，如
2  mysqli_connect($connect);
3  mysqli_query($connect,"SQLstatement");
4  mysql_fetch_array()
5  mysql_connect(),mysql_close()
```

以下实例展示了 PHP 调用 Mysql 函数的语法：

```
1   <html>
2   <head>
3
4   </head>
5   <body>
6   <?php
7   $retval=mysql_function(value,[value,...]);
8   if(!$retval)
9   {
10  die("Error:arelatederrormessage");
11  }
12  //OtherwiseMySQLorPHPStatements
13  ?>
14  </body>
15  </html>
```

5.1.2　Oracle 数据库系统简介

Oracle 公司于 1977 年成立，1979 年推出第一个商用 Oracle RDBMS。Oracle RDBMS 支持应用开发和终端用户的工具主要有：SQL＊PLUS，SQL＊FORMS，SQL＊REPORT WRITER，SQL＊CALC，SQL＊GRAPHI，SQL＊MEINU，SQL＊EASY 等，Oracle 支持互联的产品有 SQL＊NET 和 SQL＊CONNET，SQL＊NET 和 Oracle RDBMS 一起实现分布处理，SQL＊CONNET 与上面两个产品结合起来支持异种数据库的互联。

作为一个通用的数据库系统，它具有较完整的数据管理功能；作为一个关系数据库系统，它是一个十分优秀的完备关系产品；作为分布式数据库系统，它实现了简单实用的分布式处理功能；作为一个应用开发环境，它提供了一组界面友好、功能齐全的开发工具，使用户拥有一个良好的应用开发环境。诸如此类的优点在环境信息系统的建设的今天和未来的相当一段时期内是必需的，可以从下列几方面来了解。

1. 具有完整的数据管理功能

认识 Oracle 数据库系统，首先要把它作为一个通用的数据库系统来认识。现在人们一谈起数据库这个词，就马上联想到它有一个复杂的管理系统软件，负责数据的

存储存取控制,还有一系列的开发工具等。这些固然都对,而且关于 Oracle 系统的功能清单我们可以列出长长的一串。但是,作为数据库的一个用户,其目的是要用它来为应用服务,提高应用的开发质量、速度和效率。

在长期的数据库研究与实践中,已经总结出管理大量、持久、共享、可靠数据的系统所应具备的完整功能,主要包括:①外存数据的存储/存取功能;②数据对象的定义与操作功能;③并发控制;④安全性控制;⑤完整性控制;⑥故障恢复;⑦与高级语言接口。

2. Oracle 数据库关系型数据库管理系统特征

关系系统,就是支持关系模型的系统,即支持关系模型的所有特征。下面来分析一下 Oracle 系统对目前有关关系模型准则的贴近程度。

(1)Oracle 数据库使用图表这种单一的数据结构来表示和组织所有的对象,所有的信息(包括用户信息和系统信息)都使用表中的值来表示。因此,它满足"信息准则"。

(2)Oracle 数据库支持空值的概念,而且通过空值不予存储这一做法,使之与任何一个实际可能的特殊值相区别,而且对所有操作都系统地考虑了空值的影响,这是一种系统化的处理方法。因此,Oracle 系统满足"空值系统化处理准则"。

(3)Oracle 数据库使用 SQL 语言以完全逻辑的方式访问数据库中的每个数据项。因此,它满足"保证访问准则"。

(4)Oracle 数据库的数据字典是基于关系模型的主动数据字典。授权用户可以在其权限范围内使用 SQL 语言像访问普通用户表一样访问数据字典。因此,它满足有关"数据字典的准则"。

(5)Oracle 提供了标准 SQL 语言,并且在标准 SQL 之上还进行了一系列有益的扩充。在同一个 SQL 语言中可以完成数据定义、数据操纵、完整性约束、授权和事务的开始、提交、返回等处理功能。

(6)Oracle 支持视图这一概念。但是由于判断什么是"理论上可更新的视图"目前还没有有效的办法,所以,Oracle 只对能比较容易地判断为可更新视图的行列子集视图进行更新。所谓行列子集视图是指从单个表中导出并且只是去掉了基本表的某些行和列(视图中必须包括基本表中的字段及说明为 NOT NULL 的字段)。

(7)Oracle 系统支持三级模式结构。因此,满足"数据物理独立性准则"。

(8)所谓完整性条件,即为保证系统中的数据的正确合理而预先定义的一组约束条件。主要有两类:一类是关系模型固有的完整性条件,包括实体完整性和参照完整性约束;另一类是应用有关的完整性条件。从 Oracle 第 7 版开始,真正完全实现了实体完整性和参照完整性。

3. 实用的分布式数据库产品

对于什么是分布式数据库,人们常常存在一些模糊甚至是不正确的认识,以为只要在地理上是分散的，又有远程节点间的相互访问就可以称得上是分布式数据库的应用问题了，就必须采用分布式数据库技术来解决问题。

Oracle 数据库提供分布式处理功能，是世界上第一个真正具有分布式处理功能的关系数据库产品。分布式数据库除了具有通常的数据管理问题的一切特征外，还具有以下两个显著特征。

1）数据分布

系统要管理的数据是分布在不同的场地的，"分布"这个词不同于分散，它有两层意思：一是物理上的分布，即数据在物理上是分散在计算机网络的不同节点（场地）上的；二是逻辑上的集中，即数据在逻辑上相互有语义上的联系，是属于一个系统的，而不仅仅是各场地的数据的集中。数据分布特征要求分布式数据库系统一方面要有通信网络技术的支持，要有有关通信协议接口，另一方面要能在逻辑上以统一的观点看待各场地的数据，并向用户屏蔽有关物理场地的信息（即所谓分布独立性要求）。

2）共享

除了集中式系统的信息共享特征外，分布式系统中的信息共享由于数据的分布又有一些新的特征：一是在共享数据的用户中有些是远地用户；二是在同时存取同一数据的用户中有些是远地用户；三是在同一个应用中可能同时涉及多个场地的信息（即全局应用）；四是某些应用又完全局限在本场地的信息（即局部应用）。这种信息使用方式的多样性决定了分布式数据库系统的复杂性。

Oracle 数据库作为第一个商品化的分布式数据库新产品，通常通过以下几种方法。

（1）数据库与网络链接。在网络接口层，Oracle 提供了 SQL ∗ NET 工具，可以与具体的通信软件接口链接，如以太网协议、Novell 网、DEC NET 等。SQL ∗ NET 是独立于具体通信协议的，通过把具有通信协议的有关内容限制在其驱动器软件中，使得上层用户（应用程序）对通信协议是透明的；有了 SQL ∗ NET 工具，一个 Oracle 应用程序（例如 SQL ∗ Forms）就可以访问位于远地的数据库了。

（2）分散数据库的链接。Oracle 通过扩充 SQL 语言来实现这种链接。Oracle 引入了一个新的系统对象，叫作 database links，它是某远程数据库用户在本场地的代理。一切涉及远地数据库上该用户的操作均由其代理来承担。代理可以看作是一个特殊的用户，它拥有被代理者的全部表。所以，在 Oracle 数据库层次上，只需了解某个表是哪个用户的表，是普通用户的表还是代理的表即可。在数据表示上仍统一地使用关系模型，因此，稍加扩充 SQL 就可以随意存取任意场地的数据表。

（3）提供应用的分布独立性。分布独立性又称分布透明性，是指系统向用户屏蔽了某些与数据分布有关的信息，从而在用户观点上使得远程数据和本地数据在表示上无任何区别，因此，方便了用户开发应用并大大提高了开发生产率。

总结上面的三点讨论，可以把 Oracle 分布式数据库的数据分布机制示意于图

5.1 中。

图 5.1　Oracle 分布式数据库的数据分布机制

（4）控制远地用户的存取（存取权限控制）。在分布情况下，由于是通过代理来实现分布数据分布链接的，而代理是建立在某个用户之下的，属于某个本地用户，这意味着拥有代理权的用户自然地拥有对代理的所有表的一切权限。

（5）对同时存取同一数据的远地用户进行控制。在支持分布式更新的 Oracle 版本中，使用了非常成熟的两阶段提交方案。

所谓两阶段提交可以形象地用西方人所熟悉的教堂式婚礼来比喻牧师（协调者）手捧圣经面向新郎（参加者）问道：“你愿意和面前这位小姐结婚吗？”回答：“愿意！”牧师又转向新娘（参加者）问道：“你愿意和眼前这位先生结婚吗？”回答：“愿意！”于是牧师高声宣布：“我以上帝的名义宣布他们结为夫妻（提交成功）。”

总之，Oracle 分布式数据库通过采用一些较简单的技术手段实现了大部分的分布式功能，是一个真正意义上的实用的分布式数据库系统。也正因为如此，Oracle 分布式数据库是当今很多信息系统采用的数据库平台。

5.2　地理信息软件系统

5.2.1　ARC/INFO 地理信息系统软件简介

1986 年国家测绘局测绘科学研究所从美国环境系统研究所（Environmental System Research Institute，ESRI）引进用于管理地理信息尤其是地图信息的软件 ARC/INFO，它是当今世界上最为完整的 GIS 系统，它所包含的几千个 GIS 分析工具已被各个领域的项目采用。目前，ESRI 在推出了几种全新概念，包括空间数据库引擎（spatial database engine，SDE）、ArcView GIS3.0、ARC/INFO 和 MapObjects。

ARC/INFO 由两大部分构成：美国环境系统研究所研制的“ARC”，提供用于定义要素位置的拓扑数据结构；Hence Software 公司研制的关系数据库管理系统“IN-

FO"，提供用于定义要素属性的关系数据结构。ARC/INFO 由一些模块化设计，这些模块为用户提供具有通用地理信息处理功能的组建箱（GIS TOOL BOX）。

ARC/INFO 采用混合式数据结构，用拓扑数据模式表示地理数据的位置，用关系数据模式表示地理要素的属性。ARC/INFO 支持各种比例尺的为各种目的开发的地理数据库，既适用于专题地图又适用于地形图。

用户可在 ARC/INFO 的基础上发展自己的软件，可在自编的 FORTRAN77 程序中调用 ARC/INFO 的子程序，实现所需要的功能。用户可在操作系统下编制命令流（MAcro），在命令流中调用 ARC/INFO 的程序，实现更复杂的地理信息系统功能。

ESRI 将 ARC 与 INFO 结合构成完整地用于地理数据的软件系统，ESRI 还计划将 ARC 与 INFO 在 VAX，Prime 等机种上运行。

ARC/INFO 8 采用了当今最先进的 GIS 技术和软件设计技术，采用模块化技术设计，每个模块用来完成相应的工作，全部模块组合起来就可解决与地理信息相关的大多数问题。ARC/INFO 8 包含了两部分：ARC/INFO Workstation 和 ARC/INFO Desk－top，Workstation 包含 ARC/INFO 的核心模块及扩展模块，Desktop 包含三个重要的应用工具：ArcMap、ArcCatalog、ArcToolbox。以下从四方面介绍 ARC/INFO 8。

1. ARC/INFO 8 的主要模块

ARC/INFO 8 中的模块分为核心模块和扩展模块。

1）核心模块

核心模块包含 ARC、ARCEDIT、ARCPLOT、INFO、TABLES 等，主要完成以下功能：

（1）数据输入和编辑功能，主要完成数据的录入和编辑，支持数字化仪、扫描矢量化、GPS 等数据录入手段。

（2）基本 GIS 功能，包括数据显示查询、投影转换、简单的数据分析。

（3）数据转换，能转换各种标准的矢量和栅格数据。

（4）地理数据管理，能对大型、分布式、多用户的数据库进行有效管理。

（5）用户界面，提供了图形用户界面工具——Formedit，使用户能制作漂亮的用户界面。

（6）系统二次开发，提供了丰富的二次开发手段，可开发各种复杂的 GIS 系统。

（7）数据输出，系统提供了丰富的数据输出手段，可输出地图、图表、报表、文字、图像等。

（8）程序之间的相互通信，ARC/INFO 支持 DDE、RPC、ONC－RPC，可以与其他软件及应用程序进行互相调用。

2）扩展模块

（1）NETWORK，是先进的线性网络分析模块，包括先进的路径选择、地址匹配、空间定位、资源分区分析、动态分段,为道路管理、公安及消防分析、城市设施管理等提供了很好的工具。

(2)TIN,地表模型和地形分析模块,能进行坡度、坡向、土方填挖量计算,地表长度计算,剖面图制作及根据地形提取水系,能自动确定山脊线、等高线,制作三维地形,是军事、水文等部门的必备工具。

(3)GOGO,地籍测量和工程制图工具,具有 CAD 功能,能根据相对位置和几何关系生成空间数据库,能保持高精度的测量结果。

(4)GRID,是功能强大的栅格 GIS 分析、编辑、显示和处理模块,能做初级图像处理,具有图层与图层之间的地图代数运算、距离分析、三维表面工具、多变量统计分析。

(5)ARCSCAN,扫描图预处理和矢量化模块,能对矢量和栅格数据进行一体化编辑、噪音消除、斑点剔除、线状要素跟踪矢量化等,可以加快图形的输入速度,大大缩短数据生产周期。

(6)ARCSTORM,空间数据库管理模块,针对大中型 GIS 项目数据量大、用户多、开发频繁的应用需求而设计,采用客户服务器结构设计,使数据管理更为完善。

(7)ARCEXPRESS,图形加速模块,加速图形刷新和显示的速度、效果。

(8)ARCPRESS,图形输出模块,完成高质量的栅格、矢量数据的输出和打印工作。

(9)DAK,数据生产工具包,具有数字化、拓扑关系建立、投影变换、数据格式转换等功能,采用菜单界面,适于与 ARC/INFO、ArcView 配套使用,是数据生产的最佳选择。

(10)ArcView GIS,简单易学的分析和桌面制图系统,提供完整的桌面制图、属性表管理、统计分析、多媒体连接等功能,并提供多种扩展模块,支持多类型数据和多种数据库,并有完善的二次开发功能。

(11)ArcCAD,基于 AUTOCAD 图形环境的桌面 GIS 工具,把 AUTOCAD 的三维功能与 ARC/INFO 的 GIS 功能进行有机结合,为 CAD 用户提供空间分析和制图功能。

(12)ArcDATA,数据发行部门和 ARC/INFO 用户发售的各种应用数据,向用户提供及时、精确的系列数据。

(13)ArcExplorer,完整的 Internet 数据浏览器,支持数据在网络上的浏览、查询、打印等操作。

(14)ArcFM,面向设施管理的 GIS 解决方案,可对自来水、污水、电力等设施进行编辑和建模分析。

2. ARC/INFO 8 的显著特性

ARC/INFO 8 除了继承以前版本中的各种性能外,在许多方面又做了改进,主要表现在以下方面:

1）支撑平台上的改变

ARC/INFO 最大的改变体现在支撑平台上的改进，用户不必担心他的 ARC/INFO 只能安装在一种操作系统上，如 Sun Solaris，现在，ARC/INFO 可安装在计算及网络中的 Unix 和 Window NT 上。ARC/INFO 8 允许用户使用其他计算机网络中的任意计算机，可以在 Unix 中安装 ARC/INFO Workstation，也可在 Windows NT 中安装 ARC/INFO Workstation 和 ARC/INFO Desktop，并且只需一个许可证管理器就可管理不同计算机上的 ARC/INFO。

2）数据处理服务器

它能执行许多数据处理和分析命令，也能接受宏命令和从其他计算机上发送来的远程数据处理任务。通过数据处理服务器，用户可在任意时间执行需要的工作。

3）在 ARC、ARCEBIT、ARCPLOT 中对 ArcSDE 8 的支持

ArcSDE 8 是 SDE 的一个重要版本，并和 ARC/INFO 8 很好地结合在一体。在 ARC、ARCPLOT 中"Defined layers"界面是 ArcSDE 8 的一个极好的客户机，它既支持 ArcSDE 8，也支持 SDE 3.0 在 ARC/INFO Destop 中，用户可通过 ArcSDE 8 来创建和使用共享的地理数据库，"Defined layers"界面提供了对这些数据简单观察。

4）新增的数据格式支持

ARC/INFO Workstation 8 新增了对 SDTS 点、格栅剖面、DIGEST 格式数据的支持。DIGEST 格式可用来存储单波段和多波段的栅格数据。另外，TIGERARC 现在能支持 1997 和 1998 版本的 TIGER 线文件。

5）ODE 对 Java 的扩展

ARC/INFO 的 ODE 允许用户用标准的程序开发工具如 C＋＋、MO-TIF、VB 等建立应用程序，在 8.0.1 版本中又增加了 Java API。在 Java API 中，ODE 组件通过 Java 和可视化开发工具开发应用程序。但是目前 Java ODE 只能被 Windows NT-Intel、Sun Solaris2、Compaq Tru64 Unix 平台支持。

新的地图概括工具，ARC/INFO 8 中增加了新的工具来改进建立简单街道中心线的概括方法，可节省时间 15％。

（1）平台和数据库支持。ARC/INFO 可在大多数机器的 Unix、NT 平台上运行，并支持大多数的商业数据库如 Oracle、Informix、Sybase、SQL Server、Open、Ingres 等。

（2）新的符号。在 ARCPLOT 和 ARCEDTIT 中可以使用一些关键行业约十多个点状和线状符号集，这些符号涉及的行业包括环境、地质、水文、AM/FM、石油、军事以及其他的一些行业，并且一些符号集也可在 Arc View 3.2 中使用，以便用户可以制作出和在 ARCPLOT 中类似的地图。

（3）品质和性能。ArcInfo Workstation 8 在 7.2.1 版本的基础上发展而来，又增加了一些重要的功能，结合 ArcInfo Desktop 和 ArcSDE，ArcInfo Workstation 8 能

运行和处理在 7.2.1 版本上建立的应用程序和空间数据库。ArcInfo Workstation 8 运行更稳定,并提供了更广阔的平台来运行用户已建立的 AML 或 ODE 应用程序。

3. 新增的性能卓越的应用工具

ArcInfo 8 新增了三个应用工具,通过这三个工具,用户就可处理大多数的 ArcInfo 任务。这三个工具是 ArcMap、ArcCatalog、ArcToolbox。

ArcMap 是一个制图和编辑程序,在这个程序中主要提供了以下功能:

(1)浏览、编辑、分析地理数据。

(2)查询空间数据,了解地理要素之间的关系。

(3)提供了大量的方法符号化用户的数据。

(4)创建图表和报表。

(5)基于 shape、coverages、tables、CAD 制图文件、images、grids、TINs 来创建地图,可以所见即所得的方式输出地图。

ArcCatalog 是一个空间数据管理程序,提供了以下主要功能:

(1)提供了一个框架来组织大型的不同的 GIS 数据的存储。

(2)不同的浏览窗口可以快速查找所需数据,不论数据是在文件、个人地理数据库,还是在基于 ArcSDE 服务的远程 RDBMS 中。

(3)可以组织、管理文件夹或基于文件的数据。

(4)可以创建个人数据库并使用提供的工具来创建和转换要素类型的表。

(5)可以使用向导在地理数据库中定义关系。

ArcToolbox 是一个工具集,包含了一系列地理数据处理工具,可完成以下主要功能:

(1)使用基于窗口的工具来完成简单的地理数据处理任务。

(2)复杂的操作可以用向导来处理。

(3)可以使用工具来组织新的 AML 脚本并运行已有的 AML 脚本。

(4)可以使用桌面计算机运行地理数据处理任务,或在网络上指定一个地理数据处理服务。

4. 二次开发

ARC/INFO 提供了丰富的二次开发方法,主要有 AML 语言开发环境、ODE 开发环境、ARCOB-JECTS 开发环境。

AML 是一种宏命令语言,可以方便地用来编制菜单和程序,它有以下主要特点:

(1)语法结构简单,解释执行,不需编译,执行和开发效率高。

(2)支持模块化的开发方法。

(3)提供菜单、对话框编辑工具。

(4)提供多线程的调度和输入管理。

ODE 是 ARC/INFO 在 7.2.1 版本上就已经推出来的开发环境,在 ODE 下,ARC/INFO 所有功能都可融入新的应用中,不需任何接口,可以方便地接受用户输入,改变输入控制。ARC/INFO 在 UNIX 上提供了共享库,在 NT 上提供了 Windows 动态链接库和 ACTCIVE X 控件,可使用户方便的开发各种应用程序。

ARCOBJECTS 是 ARC/INFO 8 中推出的二次开发方法。ESRI 将 ARC/INFO 8 中的核心部分全部组件化,ARCOBJECTS 就是这些 COM 的组合,这些 COM 提供了接口,使开发者可以方便地通过接口访问内部的成员、方法等,从而编制出功能更强大的应用程序。

5.2.2　ArcGIS Desktop 桌面地理信息系统与空间制图

1. ArcGIS Desktop 介绍

ArcGIS Desktop,是 Esri 公司的 ArcGIS 产品家族中的桌面端软件产品,ArcGIS Desktop 是 GIS 专业人士进行地理信息编辑、使用和管理的主要产品。ArcGIS Desktop 是对地理信息进行编辑、创建以及分析的 GIS 软件,提供了一系列的工具用于数据采集和管理、可视化、空间建模和分析、以及高级制图。不仅支持单用户和多用户的编辑,还可以进行复杂的自动化工作流程,并且该软件具有丰富的产品技术资料,可以帮助初学者或用户迅速了解、掌握和使用。

ArcGIS Desktop 桌面地理信息系统是当今最流行的 GIS 系统。随着世界和我国 GIS 应用水平的不断提高,ArcGIS Desktop 正成为多国多领域的常用的 GIS 商用软件,成为桌面 GIS 软件平台的代表之一。

ArcGIS Desktop 的前身是 ARC/INFO,1978 年诞生于美国环境系统研究所(Environmental Systems Research Institute,ESRI),2003 年推出的 ArcGIS 9.0 是 ESRI 在继承已有成熟技术的基础上,整合了 GIS 与数据库、软件工程、人工智能、网络技术以及其他多方面的计算机主流技术,成功地开发出的新一代 GIS 平台。ArcGIS 的策略是给出一套崭新的应用方式,构造一个革命性的数据模型,设计一个完全开放的体系结构,使被广泛接受的 ARC/INFO 的结构体系和应用得以兼容。

ArcGIS 是一个统一的地理信息系统平台,由三个重要部分组成:桌面软件 Desktop(一级化的 GIS 系统)、数据通路 ArcSDE(用 RDBMS 管理空间数据的接口)和网络软件 ArcIMS(基于 Internet 的分布式数据和服务 GIS)。

1)桌面软件 Desktop

桌面软件 Desktop 是 ArcView、ArcEditor 和 ArcInfo 三级桌面 GIS 软件的总称。三级软件共用共通的结构、通用的编码基数、通用的扩展模块和统一的开发环境。从 ArcView 到 ArcEditor 再到 ArcInfo,功能由简单到强大。三级桌面 GIS 软件都由一组相同的应用环境构成——ArcMap、ArcCatalog 和 ArcToolbox,通过这三种应用环境的协调工作,可以完成任何从简单到复杂 GIS 分析与处理操作,包括数据编辑、地理编码、数据管理、投影变换、数据转换、元数据管理、地理分析、空间处理和制图输出等。

2）数据通道 ArcSDE

ArcSDE 是 ArcGIS 的空间数据引擎，它是在关系数据库管理系统（RDBMS）中存储和管理多用户空间数据库的通路。从空间数据管理的角度看，ArcSDE 是一个连续的空间数据模型，借助这一空间数据模型，可以实现用 RDBMS 管理空间数据库。在 RDBMS 中融入空间数据后，ArcSDE 可以提供空间和非空间数据进行高效率操作的数据库服务。ArcSDE 采用的是客户/服务器体系结构，所以众多用户可以同时并发访问和操作同一数据。ArcSDE 还提供了应用程序接口，软件开发人员可将空间数据检索和分析功能集成到自己的应用工程中去。

3）网络软件 ArcIMS（Web-GIS）

ArcIMS 是 ESRI 针对 WebGIS 提出的 Internet GIS 解决方案，它允许集中建立大范围的 GIS 地图数据服务和应用，并将它们提供给组织内部和 Internet 上的广大用户。ArcIMS 的整个框架包括多种客户端、服务器和数据管理工具。它扩展了普通站点，使之能够提供 GIS 数据和应用服务。ArcIMS 还包括免费的 HTML 和 Java 客户端浏览工具，同时也支持其他 ESRI 的客户端应用，例如 ArcGIS、Desktop、Arc-Pad 和无线设备等。

2. ArcGIS Desktop 软件

ArcGIS Desktop 由 ArcView、ArcEditor 和 ArcInfo 三种不同功能级别的软件组成，它们分享通用的结构、通用的代码基础、通用的扩展模块和统一的开发环境，并且这三种软件在功能上是逐级增强的。ArcView 提供了完整的制图工具和分析工具，以及常用的编辑和地理处理工具。ArcEditor 包括 ArcView 的全部功能，以及对 Coverage 和 GeoDatabase 的高级编辑功能，而 ArcView 只能显示却不能编辑空间数据格式。在分析特定空间数据方面 ArcInfo 比 ArcView 和 ArcEditor 有更多的功能，ArcInfo 也带有一个 ArcInfo WorkStation 系统，这个系统多年来一直是 GIS 的标准，至今仍得到广泛的应用。

1）ArcView

ArcView 是 ArcGIS Desktop 的低端产品，ArcView 拥有任何 GIS 桌面系统所具有的最大范围的可用功能。它具有直观的基于 Windows 的图形用户界面，简单、易用且包括有附加的在线帮助和全面详尽的文档。

从 ArcView 的 2.0 版以后，ArcView 就广泛受到 GIS 领域的重视。ArcView2.0版给自己的定位是"基于 GIS 的桌面制图系统"，桌面制图系统是指利用 ArcView 可以方便地制作各种专题地图，而所谓"基于 GIS"则指 ArcView2.0 具有较强的空间查询和分析功能，利用 ArcView2.0 的 GIS 功能可以使桌面制图更加灵活。到 ArcView3.0，数据编辑、空间分析和可视化功能大大得到加强，具有更加丰富的 GIS 功能。因此,ESRI 将其定位发展到桌面地理信息系统,ArcView3.0 的启动封面上的标题也从原先的"ArcView"改为"ArcView GIS"。

(1)ArcView 地理信息系统具有如下的特点。

①跨平台:ArcView 是在 Window 和 Unix 均可运行;

②面向对象:ArcView 是由应用、视图、表格、图表和图版等对象组成。甚至进行二次开发的每个 Script 都可以当作对象来操作;

③开放性:包括系统用户界面的开放性、程序运行环境的开放性和数据管理的开放性。

a. 系统用户界面的开放性:ArcView 的菜单、按钮、工具条、窗口等都可以很容易地实现用户定制。同时,ArcView 内置了面向对象的程序设计脚本语言 Avenue,可以借此进行更彻底的用户化定制;

b. 程序运行环境的开放性:利用内置的 Avenue 脚本语言,可以直接调用操作系统执行文件;在 Windows 环境下可以通过 DDE 和 DLL 与外部程序通信,在 Unix 环境下可以通过 IAC 与外部程序通信;

c. 数据管理的开放性:空间数据可以直接接收 DXF、DWG、TIF、JPEG、BMP、ArcInfo 系列数据,通过 Avenue 编程,可以接收其他空间数据;专题属性数据可以直接接收 DBF 文件数据,通过 ODBC 可以与 Oracle、INFORMIX、Sybase 等相连。

(2)ArcView 具有以下功能。

①显示和查询 ARC/INFO 地理信息系统数据;

②显示和查询表格数据,并与空间数据相关联;

③通过 SQL 检索外部数据库的数据,并与空间数据关联;

④实现地址匹配,即根据文字描述的地址信息找到地图上对应的地物;

⑤查询任意地物特征的属性;

⑥根据属性护具对空间数据进行分类表达并显示;

⑦根据属性选择空间地物;

⑧根据地物的属性创建饼形图、直方图等图表来对比地物的属性;

⑨对地物的属性特征进行统计和分析;

⑩根据地物之间的邻近关系选择地物;

⑪根据地物间的位置重合关系选择地物;

⑫地图的排版和打印;

⑬地图排版可输出供其他程序使用;

⑭根据需要,实现 ArcView 的用户定制。

(3)ArcView 文档。

①基本定义。

a. 文档(Doc):ArcView 支持多种信息的表达方式,每种信息类型称之为文档;

b. 文档窗口(DocWin):每种文档信息都会出现在一个独立的窗口中,将这个窗口称之为文档窗口；

　　c.文档用户界面(DocGUI)：每个文档窗口决定了这类信息的用户界面(包括各自独立的菜单栏、按钮条和工具条)和用户与这类信息进行交互的方式；

　　d.其中用户界面包含内容有：菜单栏、按钮条、工具条、文档窗口(标题、大小、位置)、各 GUI 要素所对应的操作(如菜单、按钮、工具命令)决定用户与文档进行交互的方式；

　　②工程(project 或称项目)文件。

　　ArcView 的项目在物理上是一个存贮 ArcView 所做工作的内容的文本文件,扩展名为".apr"。

　　在 ArcView 环境中,以项目窗口的形式存在。项目窗口是用一个 ListView 列出项目中的所有文档类型及实例。

　　ArcView 的项目存贮一个特定的应用中建立了视图文档、表格文档、图表文档、地图图版文档、Avenue 脚本文档的各种信息,包括文档的名称、属性、用户界面的配置、文档与数据的链接关系等。

　　ArcView 的项目不存贮实际的数据,只存贮各种文档与所涉及的各种数据(地图、数据库表等)的链接和指向关系。

　　③视图文档。

　　ArcView 的视图文档由目录表和地图显示区组成。目录表说明当前视图文档中显示的地理信息图层,每个图层在 ArcView 中被称之为主题。地图显示区用于显示反映各个主题的地理特征。

　　利用视图文档的目录表,可以完成以下任务：

　　a.打开或关闭主题显示：通过点击目录表主题名称左侧的检查框,可以决定地图显示区中是否显示对应主题对的地理特征。关闭主题只对显示起作用,而不会从视图文档中删除该主题；

　　b.切换主题的激活状态：通过点击目录表中的主题项,可以切换主题的激活状态。处于激活状态的主题才可以进行选择、信息查询和空间分析等操作；

　　c.改变主题在地图显示区的显示顺序：可以通过在目录表中拖拽主题项来解决各主题在地图显示区中的显示顺序。点状主题应该在面状主题之后显示,因此就可以通过目录实现这一点；

　　d.编辑主题图例：ArcView 的目录区内置了图例编辑器,双击目录表中的主题,就可以激活图例编辑器。图例可以是单一的符号,也可以根据主题的属性数据进行分类,得到分类图例。应用图例编辑器的修改,地图显示区内主题的显示方式就会自动调整。

　　④表格文档。

　　ArcView 的表格有两种基本形式,一种是与 Project 的地图内容紧密相关的"属性表",另一种是外置的、与 ArcView 属性表可以实现连接或链接的数据库表。此外与创建一项 Project 项目相对应,ArcView 还提供了一种在其运行环境内用户自行创建设计数据库表的方法。

⑤图表文档。

在 ArcView 中图表和表格数据是动态相连的,如果其中表格数据是主题的特征属性,那么就同时建立了图表与主题地物特征的动态联系。普通数据表、主题特征属性表、主题及其所在的视图和图表,它们中任何一个对象内容发生变化,ArcView 都会将变化同时反映到其他对象中去,因此可以用图表来查询表格记录或主题的特征(如果图表是利用主题的特征属性表建立的)。

图表可根据数据表的所有记录来建立,也可以以表格数据的选择集来建立。同样的表格数据,可根据需要以不同的图表类型来表达。

图表可分为面域图、条形图、柱状图、线条图、饼形图、XY 散点图等。

⑥地图图版文档。

地图图版是用于 ArcView 输出的文档,它实质上是一幅具有页面排版功能的地图。在地图图版中可以显示视图文档的内容、表格文档的内容、图表文档的内容、输入的图素或其他图素。Layout 文档提供了排版功能,可以在页面上布置这些内容,以创建用于输出的地图。

Layout 文档提供了绘图软件基本的绘图功能,可以在 Layout 文档中绘制任意图形,同时,Layout 还可以将 ArcView 环境下特有的对象(视图、表格、图表、图例、比例尺)等加入到其中。

Layout 中的排版内容与数据的来源是动态链接的。Layout 内容随时反映源数据的当前状态。例如,如果视图文档的数据发生变化,Layout 中视图部分的内容也会发生响应的变化,对于表格文档和图表文档以及图素也存在这种情况。相同的数据可以以不同的排版风格以及不同的 Layout 显示和输出。

2)ArcEditor

ArcEditor 是 ArcGIS Desktop 的中级产品,是用于地理数据、表格数据的编辑和维护的一个完整的应用程序。ArcEditor 具有构建和维护地理数据库的全部工具,是 ArcGIS 产品家族的重要成员。ArcEditor 除了具有 ArcView 所有功能外,还能编辑 ARC/INFO Coverage 数据,以及 Personal 和 Enterprise Geodatabase 等,ArcEditor 还可以通过内嵌的 VBA 或其他流行的标准开发环境(Borland Delphi、Visul C++、Visual Basic)实现客户化定制或应用的二次开发。

(1)ArcEditor 的地理数据库编辑和维护工具具有以下特征。

①类似于 CAD 的编辑和生产能力工具:以最少的步骤轻易进行精确的编辑;

②拓扑的创建、验证以及管理:使得错误能被定位及固定,规则及行为的使用增强了数据库标准(包括拓扑)和简化了编辑任务;

③属性的完整性:规则确保了地理特征及其他相关属性具有尽可能高的质量;

④版本支持:使多用户系统的多个用户同时编辑一个连续的地理数据库成为可

能,任何一个用户不会被排斥在外;

⑤离线编辑:使用户在野外离线状态下编辑企业数据库,在此期间,所有的数据完整性规则都是可用的;

⑥注记编辑工具:容易地添加独立的以及要素链接的注记;

⑦线性参考及动态分割工具:使得 ArcEdito 能用于交通、管线管理、石油、开矿应用领域。

(2)ArcEdito 具有以下功能。

①使用直观的类似于 CAD 的编辑工具来创建和编辑 GIS 属性;

②构建丰富的、智能的地理数据库;

③模拟复杂的、多用户的编辑工作流;

④构建和维护地理要素间包含拓扑关系的空间完整性;

⑤管理和探究几何网络;

⑥提高编辑效率;

⑦利用版本来管理多用户设计环境;

⑧维护专题图层之间的空间完整性并且增强用户自定义的业务逻辑;

⑨同数据库断开并且在野外编辑 GIS 数据。

(3)两种典型的 GIS 数据模型。

①拓扑关系数据模型。

拓扑关系数据模型以拓扑关系为基础组织和存储各个几何要素,其特点是以点、线和面间的拓扑连接关系为中心,它们的坐标存储具有依赖关系。该模型的主要优点是数据结构紧凑,拓扑关系明晰,系统中预先存储的拓扑关系可以有效提高系统在拓扑查询和网络分析方面的效率,但也存在不足之处。

②面向实体的数据模型。

与上述拓扑模型相反,该模型以独立、完整、具有地理意义的实体为基本单位对地理空间进行表达。在具体组织和存储时,可将实体的坐标数据和属性数据分别存放在文件系统和关系数据库中,也可以将二者统一存放在关系数据库中。

面向实体的数据模型在具体实现时采用的是完全面向对象的软件开发方法,每个对象(独立的地理实体)不仅具有自己独立的属性(含坐标数据),而且具有自己的行为,能够自己完成一些操作。

3)ArcInfo

ArcInfo 是 ArcGIS Desktop 的高端产品,包括 ArcView 和 ArcEditor 的所有功能,并增加了高级的地理处理能力和数据转换能力,这些使得 ArcInfo 成为 GIS 标准。ArcInfo 是一个 GIS 数据生成、更新、查询、制图和分析系统,重新设计之后的 ArcInfo 操作更容易,速度更快,并能利用流行的软件工程和 GIS 理论的概念。ArcInfo 本身由两部分组成:ArcInfo Workstation 和 ArcInfo Desktop。其中 ArcInfo Workstation 可以在 Unix 和 Windows 上运行,Desktop 只能在 Windows 上运行,但功能上是完全一致的,二者也可以安装在同一个 Windows 版的工作站、服务器或计算机上使用。

ArcInfo Workstation 包含的核心模块与 ARC/INFO 7. x 相同,有 ARC、ArcPlot 和 ArcEdit 模块。Workstation 除了采用传统的 GIS 点、线、面数据的模型外,在此基础上又定义了一系列先进的空间数据模型,如区域(Region)、事件(Event)和路径(Route)等。

ArcInfo Desktop 通过 ArcMap、ArcCatalog、ArcToolbox 三个应用程序,提供用户与 GIS 地图、数据和工具进行交互的基本方法和界面,同时是三级桌面软件 ArcView、ArcEditor、ArcInfo 的三种应用环境,ArcMap 提供数据的显示、查询和分析,ArcCatalog 提供空间的和非空间的数据管理、生成和组织,ArcToolbox 提供基本的数据转换。共同为用户提供地理空间数据的生成与编辑、管理与转换、处理与分析、制图与表达等功能。

(1) ArcInfo 具有以下特点。

①ArcInfo 地理信息系统软件是强有力的计算机软件技术,为地理数据和相关数据的自动化采集、管理、显示提供了完整的解决方案,它可用于多种计算机平台;

②ArcInfo 的文件是 coverage,一般只含一类地理特征。Coverage 中的每个特征被赋予以唯一的数字标识,由唯一的位置和一组属性描述;

③工作空间是 ArcInfo 进程所用的工作区域,它提供工作组织的结构。它所含有的数据集合以目录和文件的形式存储。

(2)ArcInfo 的使用规则。

①工作空间是一个包含 Info 子目录的目录;

②可在有写权的任何目录层下创建工作空间;

③每个工作空间含有任意一个 coverage;

④每个工作空间始终有且只有一个 Info 目录。

所以,每个 coverage 不能在资源管理器中删除、移动、复制,否则会造成 Info 文件的丢失,而只能动工作空间。

4)ArcMap 空间制图

ArcMap 顾名思义是一个制图系统。ArcMap 是一个用户桌面组件,具有强大的地图制作,空间分析,空间数据建库等功能。ArcMap 是一个可用于数据输入、编辑、查询、分析等功能的应用程序,具有基于地图的所有功能,实现地图制图、地图编辑、地图分析等功能。ArcMap 包含一个复杂的专业制图和编辑系统,它既是一个面向对象的编辑器,又是一个数据表生成器。在纯手工阶段,地图的编制是一个非常复杂的过程,从地图的设计到制作等一系列工作都是十分繁杂的。ArcMap 软件的特定的功能,应用准备好的地理数据就能完成一幅完整地图的制作工序,包括地图大小的设置、制图范围的定义、制图比例尺的确定等。

（1）ArcMap 基础知识。

①ArcMap 中执行的常见任务。

ArcMap 是 ArcGIS 中使用的主要应用程序，可用于执行各种常见的 GIS 任务以及专门性的用户特定的任务。下面列出了可以执行的一些常用工作流程：

a.处理地图：可以打开和使用 ArcMap 文档来浏览信息、浏览地图文档、打开或关闭图层、查询要素以访问地图背后大量的属性数据，以及可视化地理信息。

b.打印地图：可以使用 ArcMap 创建从最简单的地图到适合高质量打印的地图。

c.编译和编辑 GIS 数据集：ArcMap 提供了一种用户用于自动处理地理数据库数据集的主要方法。ArcMap 支持可扩展的全功能编辑，可以选择地图文档中的图层进行编辑，而新增要素和更新的要素将保存在图层的数据集中。

d.使用地理处理来自动完成工作及执行任务：GIS 具有可视性和分析性。Arc-Map 具有执行任意地理处理模型或脚本的功能，还可以通过地图可视化来查看及处理结果。地理处理可用于分析，也可以自动执行像许多普通任务，例如地图册生成、修复地图文档集合中损坏的数据链接以及执行 GIS 数据处理。

e.组织和管理地理数据库和 ArcGIS 文档：ArcMap 具有目录窗口，可用于组织所有 GIS 数据集和地理数据库、地图文档和其他 ArcGIS 文件、地理处理工具及许多其他 GIS 信息集，也可以在目录窗口中设置和管理地理数据库方案。

f.使用 ArcGIS Server 将地图文档发布为地图服务：通过将地理信息发布为一系列地图服务，可以在 web 上灵活展现 ArcGIS 内容。ArcMap 中的将地图文档发布为地图服务提供了简单的用户体验。

g.与其他用户共享地图、图层、地理处理模型和地理数据库：ArcMap 具有一些工具，便于用户对 GIS 数据进行打包，并与其他用户共享。这包括使用 ArcGIS online 共享 GIS 地图和数据的功能。

h.记录地理信息：描述地理信息集以帮助记录项目并实现更高效的搜索和数据共享是 GIS 社区的一个主要目标。可以使用目录窗口记录所有的 GIS 内容。对于使用基于标准的元数据的组织，也可以使用 ArcGIS 元数据编辑器记录数据集。

i.自定义用户体验：ArcMap 具有若干用于自定义的工具，可以编写软件加载项以添加新功能、简化用户界面以及使用地理处理实现任务自动化。

（2）ArcMap 快速浏览。

ArcMap 可将地理信息表示为地图视图中的图层和其他元素的集合。ArcMap 中共有两种主要的地图视图：数据视图和布局视图。

数据视图属于一种地理窗口或地图框，可以在其中将地理信息作为一系列地图图层进行显示和处理。布局视图是一种页面视图，可在页面中对地图元素进行排列（例如数据框、比例尺和地图标题）以便打印地图。

①ArcMap 文档。

保存已在 ArcMap 中创建的地图时，它将作为一个文件保存在磁盘中。这便是

ArcMap 文档,也称为地图文档或 mxd(因为文件的扩展名. mxd 将自动追加到地图文档名称中)。双击打开现有的".mxd"文件便可以使用该文档。这样将会为该.mxd文件启动 ArcMap 会话。

地图文档中包括地图中所使用地理信息的显示属性(如地图图层的属性和定义、数据框以及用于打印的地图布局),还包括所有可选自定义设置和添加到地图中的宏。

②ArcMap 中的视图。

ArcMap 可通过以下两种视图之一显示地图内容:

a. 数据视图。

b. 布局视图。

每种视图都可用于查看地图并以特定方式与地图进行交互。

在 ArcMap 数据视图中,地图即为数据框。在数据视图中,活动的数据框将作为地理窗口,可在其中显示和处理地图图层。在数据框内,可以通过地理(实际)坐标处理通过地图图层呈现的 GIS 信息。通常,它们属于地面测量值,单位都采用英尺、米或经纬度(如十进制度)测量值。数据视图会隐藏布局中的所有地图元素(如标题、指北针和比例尺),从而使用户能够重点关注单个数据框中的数据,如进行编辑或分析等。

准备地图布局时,用户可能需要在页面布局视图中处理地图。页面布局是页面中排列的地图元素的集合(如数据框、地图标题、比例尺、指北针和符号图例)。布局可用于构图以便进行打印或导出为 Adobe PDF 等格式。

布局视图用于设计和创作地图,以便进行打印、导出或发布。用户可以在页面空间内管理地图元素(通常以英寸或厘米为单位),可以添加新的地图元素以及在导出或打印地图之前对其进行预览。常见的地图元素包括带有地图图层的数据框、比例尺、指北针、符号图例、地图标题、文本和其他图形元素。

③地图图层。

在数据框内部,地理数据集以图层形式显示,而每个图层都表示在地图叠加的特定数据集。地图图层可通过以下方式传达信息:

a. 离散要素类,如点、线和面的集合。

b. 连续表面(例如高程),可以通过多种方式表示,例如通过等值线和高程点的集合或通过晕渲地貌。

c. 覆盖地图范围的航空摄影或卫星影像。

各种地图图层的例子包括溪流和湖泊、地形、道路、行政边界、宗地、建筑物覆盖区、公用设施管线和正射影像。

除表示地理信息外,每个图层的地理符号、颜色和标注还有助于描述地图中的对象。通过与各数据框中显示的图层交互,可以对各要素进行查询和查看其属性、执行分析操作、编辑要素以及将新要素添加到各个数据集中。

图层不会存储实际的地理数据,而是需要引用数据集,例如要素类、图像以及网格等。以此方式引用数据可使地图中的图层自动呈现 GIS 数据库中的最新信息。

要在 ArcMap 中指定各个地图图层的属性(例如地图符号和标注规则),可在内容列表中单击图层,然后单击属性或者直接双击图层名称。

④内容列表。

内容列表中将列出地图上的所有图层并显示各图层中要素所代表的内容。每个图层旁边的复选框可指示其显示当前处于打开状态还是关闭状态。内容列表中的图层顺序决定着各图层在数据框中的绘制顺序。

地图的内容列表有助于管理地图图层的显示顺序和符号分配,还有助于设置各地图图层的显示和其他属性。

典型的地图中在内容列表底部附近会放置影像或 terrain 基础(例如晕渲地貌或高程等值线)。下面是底图面要素,再然后是顶层附近的线要素和点要素,最后是文本标注以及其他参考信息。

⑤页面布局。

页面布局是地图要素在打印的页面或数字底图显示中的排布及总体设计。它是 ArcMap 中使用的主要显示视图之一,主要用来创建用于打印或导出以及通过 PDF 进行共享地图。

地图元素的例子包括题目、图例、指北针、比例尺和数据框。

地图中可以包含多个数据框。这通常非常适用于布局中含有多个窗口的地图页面(例如,要加入引用主数据框位置的定位器地图或索引地图)。

⑥目录窗口。

ArcMap、ArcGlobe 和 ArcScene 中设有目录窗口,通过该窗口可将各种类型的地理信息作为逻辑集合进行组织和管理。

目录窗口可提供一个包含文件夹和地理数据库的树视图。文件夹用于整理 ArcGIS 文档和文件。而地理数据库则用于整理 GIS 数据集。

⑦地图的主目录文件夹。

ArcMap 中的主要工作空间之一就是各地图文档的主目录文件夹,即存储地图文档的文件夹位置。在 ArcMap 中,主目录文件夹在默认的情况下可用于保存结果、存储数据集以及访问基于文件的信息。

⑧地图的默认地理数据库。

每个地图文档都有一个默认地理数据库,作为地理空间内容的本地位置。在此位置可用于添加数据集和保存各种编辑操作和地理操作生成的结果数据集。

⑨在 ArcGIS 中使用搜索。

ArcMap 具有搜索 GIS 内容并快速应用结果的功能,例如通过将搜索结果添加到地图中或将结果项插入到地理处理操作中实现这一功能。

(3)地图模板的应用。

ArcMap 系统模块不仅为用户编制地图提供了丰富的功能途径,而且从实际出发,将常用的地图输出样式地图模板(map template),用户可以直接调用或自定义模板。在 ArcMap 中地图模板文件的文件类型是 *.mxd。ArcMap 中调用和创建地创建地图模板都有现成的菜单供用户使用。

(4)制图版面的设置。

制图版面的设置包括图面尺寸设置、图框大小设置、地图底色设置等相关的制图程序。

①图面尺寸设置。

ArcMap 包括数据视图窗口(data view)和版面视图窗口(layout view),在正式输出地图之前,首先应该进入版面视图,并按照地图的用途、比例尺、打印机或绘图仪的型号、设置图面的尺寸,也就是纸张的大小。纸张的大小对于地图要素比例、符号尺寸、注记大小等都会有影响,在设计时要事先考虑到。

a. 两种图面尺寸设置的区别是,如果按照打印机或绘图仪的纸张来设置图面尺寸,地图文档就与所选择的打印机或绘图仪建立了链接关系,当需要与他人交换或共享地图文档,而他人又没有相同的打印机或绘图仪时,地图文档在原有的打开过程中就自动调整其图面尺寸,变为他人系统中默认的打印机或绘图仪的纸张尺寸,使原有的所有设置都发生变化。相反,如果按照标准图纸尺寸或用户需求进行自由设置,地图文档就独立与打印机或绘图仪面存在,无论何人在使用该地图文档时,都会保留原有的设置不变。显然,依据打印机或绘图仪设置图面尺寸,不利于地图文档的共享与交换,所以,推荐用户按照标准纸张进行设置。

b. 按照纸张尺寸调整比例尺:在上述的图面尺寸设置过程中,都设置了按照纸张尺寸自动调整地图比例尺的选择项目,这表示无论如何调整纸张的尺寸和纵横方向,系统将根据调整后的纸张参数重新自动调整地图比例尺。

②图框与底色设置。

ArcMap 地图文档是由一个或多个数据组构成的,且图框与底色与数据组相对应,如果输出地图中只有一个数据组,则所设置的图框与底色就是整幅地图的图框与底色;如果输出地图中包含若干数据组,则需要逐个进行设置,每个数据组可以有不同的图框与底色。

③辅助要素设置。

为了便于编制输出地图,ArcMap 提供了多种地图输出编辑的辅助要素,诸如标尺、辅助线、格网点、纸边缘线等,巧妙地应用这些辅助要素,这些设置操作包括标尺功能开关、标尺单位设置、辅助线开关、辅助线增删、格网点开关、格网点大小设置等。

④制图数据操作。

如果一幅地图包含了若干数据组,需要在版面视图中直接操作制图数据,如增加数据组、复制数据组、调整数据组尺寸、生成数据组定位图等,其中最常用的是增加制图数据组。

⑤绘制地图坐标格网。

地图中的坐标格网是地图的三大要素之一,根据制图区域的大小,有不同类型的坐标格网:在小比例尺大区域的地图上,坐标格网通常用经纬网来表示;在中比例尺中区域地图上,通常是投影坐标格网,又称为公里格网;在大比例尺区域的地图上,则可能是公里格网或索引参考格网。

⑥地图的整饰操作。

数据组是地图的一大主要内容。一幅完整的地图除了包含反映地理数据的线状及斑块颜色等要素以外,还必须包含于地理相关的一系列辅助要素,如地图名称、比例尺、指北针、统计图表等,这些辅助要素对规范和美化地图效果起到良好作用。在 ArcMap 中所有的辅助设置,方便且符号丰富,都是作为地图整饰效果来操作的,如图例和指北针的放置与修改、图形要素的设置等。

限于篇幅,仅以地图比例尺的设置及效果来说明其操作使用过程,其他的辅助要素用户可在 ArcMap 的支持下轻松地实现专题化和个性化的操作设置。

ArcMap 地图上标注的比例尺分为数字比例尺和图形比例尺两种。数字比例尺能非常精确地表达地图要素与所代表的地物之间的定量关系,但随着地图的变形与缩放,数字比例尺标注的数字是无法相应变化的,不能直接用于地图的量测;而图形比例尺虽然不能精确地表达制图比例,但可以用于量测,而且图形比例尺会随地图本身的变形与缩放一起变化。

5.3　遥感信息处理软件系统

遥感信息处理系统是对从遥感器获取的数据进行管理和分析处理,从中提取有用信息的设备、方法和技术的总称。

遥感信息处理系统由"平台、传感、接收、处理应用"各子系统"所组成,负责对探测对象电磁波辐射的收集、传输、校正、转换和处理的全部过程,也就是将物质与环境的电磁波特性转换成图像或数字形式的过程。其作为一门对地观测综合性技术,具有探测范围广、采集数据快的优点,遥感探测能在较短的时间内对大范围地区进行对地观测,并从中获取有价值的遥感数据。遥感探测能周期性对同一地区进行对地观测,这有助于人们通过所获取的遥感数据,发现并动态跟踪地球上许多事物,以观察到他们的变化,尤其是在监视天气状况、自然灾害、环境污染甚至军事目标等方面。遥感探测所获取的是同一时段、覆盖大范围地区的遥感数据,全面地揭示了地理事物之间的关联性,获取的数据具有综合性。

随着遥感信息处理系统的发展,遥感图像处理硬件系统从光学处理设备全面转向数字处理系统,更大的内外存容量,更快的处理速度,使处理海量遥感数据成为现实,同时网络实现了数据测定的实时传输和实时处理。在遥感图像处理软件使用中,国际上最通用的有视窗方式的 PCI Geomatica, ERDAS IMAGINE 以及 ENVI,不同于以人机对话操作方式的软件 ARIESIZS101 等,视窗方式的软件更加智能化;国产遥感图像处理软件主要有原地矿部三联公司开发的 RSIES、国家遥感应用技术研究中心开发的 IRSA、中国林业科学院与北大遥感所联合开发的 SARINFORS 以及中国测绘科学研究院与四维公司联合开发的 CASM ImageInfo。

上述软件各有特点,但相比之下又都有功能上的缺陷。总体上,国外软件的功能相对强大一些,但界面不太适合国人的习惯,坐标系缺少国内通用的北京/西安坐标系,比较难学,且价格较昂贵;国产软件具有界面友好、价格便宜、容易掌握等特点,但相比之下功能有待于进一步完善。

5.3.1 遥感处理系统

1. ERDAS IMAGINE 遥感处理系统

ERDAS IMAGINE 是美国 ERDAS 公司开发的遥感图像处理系统。它以其先进的图像处理技术,友好、灵活的用户界面和操作方式,面向广阔应用领域的产品模块,服务于不同层次用户的模型开发工具以及高度的 RS/GIS(遥感图像处理和地理信息系统)集成功能,为遥感及相关应用领域的用户提供了内容丰富而功能强大的图像处理工具,代表了遥感图像处理系统未来的发展趋势。

在总体设计上,ERDAS IMAGINE 为不同应用层的用户以模块化方式提供相应的功能。它以 IMAGINE Essentials、IMAGINE Advantage、IMAGINE Professional 及其丰富的专业化扩展模块为用户提供了初、高、专等多档产品,使产品模块的组合具有极大的灵活性。ERDAS IMAGINE 具有非常友好、方便的多窗口管理功能,提供了图形化模型构造工具,用户可以对 IMAGINE 本身应用的功能进行客户化的编辑,满足自己专业的独特需求。ERDAS 系统不但提供了数据转换、图像增强和图像解译等常规的图像处理功能,还增加了许多功能。譬如在传统多光谱分类方法基础之上(最大似然法、最大最小距离法、模糊分类等分类器法),ERDAS 提供了专家工程师及专家分类器工具,为高光谱、高分辨率图像的快速高精度分类提供了可能。

ERDAS 作为国际上流行的遥感图形、图像处理软件,在功能上、操作的方便性上都达到了一个较高的水准。其应用领域非常广泛,在农业、林业、气象、水利、土地、矿产、军事、通信等部门都有应用,而且应用的范围越来越大,功能挖掘越来越深入。遥感技术作为对地观测,提取地表最实时状况的最有力工具,被广泛应用在各行各业,包括测绘、自然资源管理、林业、水利、交通、环境保护、电力电信、防震减灾、城市规划、国防军事等,ERDAS IMAGINE 作为遥感界的排头兵,不仅提供了增强、滤波、纠正、融合等简单的基本应用,而且提供了强大的工具,使用户在定量化的分析方面及系统功能的可扩充性方面操作更加方便,如专家分类、子像元分类(混合像元)、三维可视化分析、数字摄影测量等,同时,还带来与 GIS 一化集成的解决方案,如查询检索编辑 ArcInfo 的地理信息,建立矢量层后的人工解译,直接得到目标的矢量数据,还可将分好类的专题影像转换成 ArcInfo 的矢量数据(Coverage,Shape File),使分析的结果可以直接为地理信息系统管理与应用,从而发挥更大的作用。

1)IMAGINE Essentials 级

IMAGINE Essentials 级是一个包括制图和可视化核心功能的较为经济的图像工具软件。无论是在独立地从事工作或是处在企业协同计算的环境下,都可以借助 IMAGINE Essentials 级,完成二维/三维显示、数据输入、排序与管理、地图配准、专题制图以及简单的分析。IMAGINE Essentials 级可以集成使用多种数据类型,并在保持相同的易于使用和易于剪裁的界面下升级到其他的 ERDAS 公司产品。

可扩充的模块:

(1)Vector 模块——直接采用 GIS 工业界领先的 ESRI 的 ArcInfo 数据结构 Coverage,可以建立、显示、编辑和查询 Coverage,完成拓扑关系的建立和修改,实现矢量图形和栅格图像的双向转换;

(2)Virtual GIS 模块——功能强大的三维可视化分析工具,可以完成实时 3D 飞行模拟,建立虚拟世界,进行空间视域分析,矢量与栅格的三维叠加,空间 GIS 分析等;

(3)Developer's Toolkit 模块——ERDAS INIAGINE 的 C 语言开发工具包,包含了几百个函数,是 ERDAS IMAGINE 客户化的基础。

2)IMAGINE Advantage 级

IMAGINE Advantage 级是建立在 IMAGINE Essential 级基础之上的,增加了更丰富的栅格图像 GIS 分析和单张航片:正射校正等强大功能的软件。IMAGINE Advantage 级为用户提供了灵活可靠的用于栅格分析、正射校正,地形编辑及图像拼接工具。简而言之,IMAGINE Advantage 是一个完整的图像地理信息系统(Imaging GIS)。

可扩充的模块:

(1)Radar 模块——可完成雷达图像的基本处理,包括亮度调整、斑点噪声消除、纹理分析、边缘提取等功能;

(2)OrthoMAX 模块——全功能、高性能的数字航测软件,依据立体像对进行正射校正、自动 DEM 提取、立体地形显示及浮动光标方式的 DEM 交互编辑等;

(3)OrthoBase 模块——区域数字摄影测量模块,用于航空影像的空中测量和正射校正;

(4)OrthoRadar 模块——可对 Radarsat、ERS 雷达图像进行地理编码,正射校正等处理;

(5)SmreoSAR DEM 模块——采用类似于立体测量的方法,从雷达图像数据中提取 DEM;

(6)IFSAR DEM 模块——采用干涉方法,以像对为基础从雷达图像数据中提取 DEM;

(7)ATCOR 模块——大气地形校正和云雾去除模块,用于纠正地球表面地物光谱反射的变化和去除薄云及雾霾。

3)IMAGINE Professional 级

IMAGINE Professional 级是面向从事复杂分析,需要最新和最全面处理工具,经验丰富的专业用户。Professional 级是功能完整丰富的图像地理信息系统。除了 Essentials 级和 Advantage 级中包含的功能以外,IMAGINE Professional 级还提供轻松易用的空间建模工具,高级的参数/非参数分类器,知识工程师和专家分类器,分类优化和精度评定,以及雷达图像分析工具。

可扩充的模块为 SubpixeI Classifier 模块,即子像元分类器利用先进的算法对多光谱图像进行信息提取,可达到提取占混合像元中 20% 以上物质的目标。

2. ERDAS IMAGINE 软件的主要特点

①图像处理方面。

a. 方便和直观的操作步骤使用户操作非常灵活:ERDAS IMAGINE 具有非常友好、方便地管理多窗口的功能。不论是几何校正还是航片、卫片区域正射矫正以及其它与多个窗口有关的功能,IMAGINE 都将相关的多个窗口非常方便地组织起来,免去了用户开关窗口、排列窗口、组织窗口的麻烦,应用方便因而加快了产品的生产速度。IMAGINE 的窗口提供了卷帘、闪烁、设置透明度以及根据坐标进行窗口连接的功能,为多个相关图像的比较提供了方便的工具。IMAGINE 的窗口还可以实现整倍的放大缩小、任意矩形放大缩小、实时交互式放大缩小、虚拟及类似动画游戏式漫游等工具,方便对图像进行各种形式的观察与比较。

b. ERDAS IMAGINE 为不同的应用提供了 250 多种地图投影系统。支持用户添加自己定义的坐标系统;支持不同投影间的实时转换、不同投影图像的同时显示对不同投影图像直接进行操作等;支持相对坐标的应用。另外有非常方便的坐标转换工具,经纬度到大地坐标,反之亦然。

c. 常用的图像处理算法都可用图形菜单驱动,用户也可指定批处理方式(batch),使图像处理操作在用户指定的时刻开始执行。

d. 图像的处理过程可以由图像的属性信息控制,而上层属性信息可存在于本层或任何其他数据层次。

e. 图像处理过程可以用于具有不同分辨率的图像数据上,输出结果的分辨率可由用户指定。

f. 支持对不同图像数据源的交集、并集和补集的图像处理。

g. 图解空间建模语言,EML 和 C 语言开发包的应用使得解决应用问题的客户化更加容易与简单。用户可以对 IMAGINE 本身应用的功能进行客户化的编辑,满足自己专业的独特需求。还可以将自己多年探索、研究的成果及工作流程以模型的形式表现出来。模型既可以单独运行也可以和界面结合像其他功能一样运行。更可以利用 C Toolkit 进行新型算法及功能的开发。

f. 独一无二的专家工程师及专家分类器工具,为高光谱、高分辨率图像的快速高精度分类提供了可能。此工具突破了传统分类只能利用光谱信息的局限,可以利用空间信息辅助分类。此工具可以将所积累的几乎所有的数字信息应用于分类,是分类应用的一大飞越。其功能强大且应用方便,其提供的游标功能使知识库的优化成为轻而易举的操作。其知识库的可移动性为其他非专业人员进行分类工作提供了方便,为成熟知识库的推广应用提供了方便易行的途径。利用专家的知识还可以建立决策支持系统,为决策人提供工具。

②与地理信息系统的集成方面。

ERDAS IMAGINE 系统已经内含了 ArcInfo Coverage 矢量数据模型,可以不经转换地读取、查询、检索其 Coverage, Grid, Dhape Five, Sde 矢量数据,并可以直接编辑 Coverage, Shape File 数据。如果 ERDAS IMAGINE 再加上扩展功能,还可实现 GIS 的建立拓扑关系、图形拼接、专题分类图与矢量二者相互转换。节省了工作流程中让人头疼、费时费力的数据转换工作,解决了信息丢失问题,可大大提高工作效率,使遥感定量化分析更完善。

③其他方面的特色。

a. ERDAS IMAGINE 支持海量数据,如果操作系统及磁盘允许,其 img 图像可以达到 48TB 大小。可以直接读取 MrSID 压缩图像以及 Sde 数据,为海量数据的管理及应用提供了可能。

b. ERDAS IMAGINE 可以让不同应用水平的人员都有充分发挥自己水平的空间,对于初级用户,其提供的缺省选项可以很好地解决问题。对于工作多年专业知识丰富的用户可以方便地修改其中的算法及参数,进而更好地满足特殊的应用。

c. 软件 100% 由 C 语言编写,并可用 C++ 进行编译。

d. 图像数据在磁盘上分块存储,加快了图像显示的速度和处理效率。

e. IMAGINE 可充分利用系统所包含的多处理器的优势(如果系统有的话)。

f. 提供全套的手册、联机求助功能(Online Help、Online Document),良好方便的用户界面、充实的内容,使用户用起来十分方便。

g. 其网站上有用户开发的实用模型以及其他工具供下载使用,有操作过程帮助用户尽快掌握其使用方法。

h. ERDAS 公司还提供给用户《ERDAS Field Guide》,向用户详细介绍了遥感图像处理原理和方法,ERDAS IMAGINE 软件所相应采取的一些算法、设备参数的意义和用法,并帮助用户了解遥感技术的基本概念和技术方法,具有很强的理论性与实用性。

3. ENVI 遥感处理系统

ENVI 软件全称是 The Environment for Visualizing Images,是美国 ITT VIS (ITT Visual Information Solutions)公司的旗舰产品,是由遥感领域的科学家采用交

互式数据语言 IDL(Interactive Data Language)开发的一套功能强大的遥感影像处理软件。它是能快速、便捷、准确地从影像中提取信息的首选软件工具。

目前,众多的影像分析师和科学家选择 ENVI 软件从遥感影像中提取信息。ENVI 软件已经广泛应用于科研、环境保护、气象、石油矿产勘探、农业、林业、医学、国防安全、地球科学、公用设施管理、遥感工程、水利、海洋、勘察测绘和城市规划等领域。

5.3.2 遥感空间数据的新特性

我国遥感空间数据的数据量正在以极高速度增长,每天产生的数据可达 TB 级别。通过对遥感空间数据资源的来源及其现状的深入调查分析发现,遥感空间数据资源具有来源丰富、分布广泛、数据量巨大、类型多样等特点。归纳起来遥感数据特点主要如下。

(1)异构性。由于遥感空间数据获取来源丰富,记录与存储数据的格式多样,类型也各异,因此遥感数据具有异构的特征。

(2)多尺度性。由于获取遥感空间数据的传感器其空间分辨率各不相同,获取的遥感数据具备的空间尺度也各不相同,反映对地表观测的涵盖范围和详细程度不同。

(3)动态性。卫星能够在不同时刻观测地球,获取数据具有时态特征,能够反映不同时刻地球表面的状态。

(4)海量性。随着遥感技术的不断发展,遥感数据的获取方式、空间及时间分辨率都得到了飞速的发展,接收的遥感空间数据增长速度也越来越快,遥感空间数据存储呈现海量增长。

5.4 应用开发设计系统

5.4.1 信息系统开发工具 Delphi 语言介绍

1. Delphi 7.0 简介

Delphi 是 Windows 平台下著名的快速应用程序开发工具(Rapid Application Development,RAD)。它的前身,是 DOS 时代盛行一时的"Borland Turbo Pascal",最早的版本由美国 Borland(宝兰)公司于 1995 年开发,主创者为 Anders Hejlsberg。经过数年的发展,此产品已转移至 Embarcadero 公司旗下。目前版本已发展到 Delphi 10.2,但实际上最为经典的还是 Delphi 7.0,它的认可度最高,Delphi 7.0 不仅继承了 Pascal 语言的优点,同时还开发了一整套用于设计、编写、测试、调试和发布应用程序的工具软件。而它对于 Micosoft 公司的.NET 技术的支持使得 Delphi 的开发者和使用者可以更加自如地开发这种软件。

Delphi 实际上是 Pascal 语言的一种版本形式,但它与传统的 Pascal 语言有天壤之别。它既继承了 Pascal 语言代码结构清晰、可读性和代码执行效率高等优点，又包含了一个便捷的开发设计框架——缺省窗体。并且，Delphi 把 Windows 编程的回调、句柄处理等过程都放在一个不可见的状态之下，忽略了很多烦琐步骤和响应过程，使得一些难以实现的 Windows 功能变成可能。加之 Delphi 环境中还包含了大量可以重用的控件和用户自建模板，极大地提高了系统的开发速度。也就是说，Delphi 具有真正意义上的面向对象的程序设计概念。面向对象的程序程序设计是 Delphi 的另一大特点，它通过给程序中加入扩展语句，把函数封装进 Windows 编程所必需的"对象"中，使得复杂的工作条理清楚、实现功能容易。完全面向对象这一特点使得 Delphi 成为一种触手可及的重要开发工具。另外，使用 Delphi 7.0 能够编写出 Win 32 位的控制台应用程序和具有图形用户界面的 Win 32 应用程序。

控件是真正面向对象意义上的对象，同时，品种繁多的控件（VCL）是 Delphi 在众多编程软件中得以脱颖而出重要原因。其控件之多几乎涵盖了所有窗口界面、菜单、按钮及状态栏对象，同时还支持用户修改个性化特征变成用户自创控件。正因为如此，Delphi 的控件封装了一些数据集和数据访问的过程与函数，从父类中继承了数据和行为。尽管每个控件有其特殊性，所有控件都共享从它们的共同祖先 TComponent 处继承来的某些属性。TComponent 定义了控件用于 Delphi 环境所必需的最小属性集合。所有控件内置的属性、方法和事件都可以用代码来控制和使用它们，这成为 Delphi 应用的关键。

在数据库技术方面，Delphi 结合了传统的编程语言 Object Pascal 和数据库语言的强大功能，它既可以用于传统的算术编程又可以用于数据库编程，特别是 Delphi 具有强大的数据库操作能力，利用 Delphi 提供的数据库工具，可以不用编写任何一句 Object Pascal 代码就能创建一个简单的数据库应用。Delphi 提供了将数据库技术与界面设计技术完美结合的完整解决方案。特别是 Delphi 7.0 的推出，使得用于算法语言的各种控件技术与界面设计技术，几乎可以全部用于数据库程序，更使得所开发的信息系统不但拥有可靠的数据信息、数据源的连接显示、动态编辑、分类查询、统计图表、报表生成等技术的应用，还能有美观的界面和个性化菜单等。和传统的 Windows 应用程序的开发方法相比，Delphi 具有快速和真正可视化的特点，可以说，Delphi 是可视化编程和面向对象开发框架的结合体。

2. Delphi 开发环境空间信息系统的途径

Delphi 除了应用底层开发数据库信息系统外，还支持 Active 技术，能够将 Delphi 自身的单元文件转换为 Active 控件。更为方便的是，在 Delphi 的开发环境中提供了专门接口，使其可以直接使用已有的如 ESRI MapObject、Mapx 等绑定地理信息系统功能的 Active 控件。Active 控件是基于 Microsoft Component Object Model（COM）技术的可视化控件技术，COM 是一种客户器/服务器模式，这种模式是基于对象的程序运作的。在这种方式下，客户器程序和服务器程序之间通过标准的接口进行通信，客户程序可以在运行时查询得出服务器程序有哪些功能可以提供使用，从而调用服务器程序获得这些功能。这些功能一般由 COM 对象来完成。而所谓 COM 规范就是 Microsoft 制定的关于 COM 对象建立和通信的规范定义。有了这个标准，多种程序设计工具都能开发和使用 COM 对象，得到了众多软件开发商的支持，Delphi 也不例外。

Active 控件作为 COM 对象的一个种类，其与 Delphi 中种类众多的可视化控件类似，只不过其存在的形式是被编译成二进制的机器代码的可执行程序，通常该程序文件的后缀名为. Ocx，所以，有时又称 Ocx 控件。因为它是系统级的二进制兼容的构建标准，所以，Active 控件能用于任何支持它的软件环境中。例如用 Delphi 开发的 Active 控件可以在 VC 中应用，也可以在 VB、Powerbuilder 等环境中使用，还可在 IE 中使用，同理，其他程序语言开发的 Active 控件，也在 Delphi 使用。

有了这样的 COM 通道，利用流行的 ESRI MapObject 产生的 Map. Ocx 或 ArcObject. Ocx 控件就形成了快速开发环境空间信息系统的一条途径。Map. Ocx 或 ArcObject. Ocx 控件提供了它本身的属性和方法，以供程序调用，开发者只需将精力放在对控件属性和方法的调用和控制方面，类似 Delphi 中对 Delphi 构件属性和方法的调用。

每个 ActiveX 控件附带有"类型库"（Type Library），类型库中记录了 ActiveX 控件提供的那些属性、方法和事件控制，方便外来程序调用。一般情况下，ActiveX 控件在被应用前，需要在操作系统中注册，注册成功后，其他程序才能从系统注册表数据库中获取相关的 ActiveX 的部分或全部属性与方法。Delphi 中有开发的模板类结构，成为 Delphi Active Class Framework，以支持 ActiveX 控件的开发与使用，在众多的 ActiveX 控件开发工具中，Delphi 可以说是最方便的控件工具。在 Delphi 开发窗口下，有一个专门的 ActiveX 组建接口，使用时直接接将注册后的. Ocx 控件放到窗口页面上即可。

3. ActiveX 地图控件的注册

ActiveX 控件在使用前必须注册一次才能让操作系统和其他程序识别出这个控件，并公布及发行这个控件具有的属性和方法。ActiveX 控件的注册有两种方法：一是可以在 Delphi 7.0 中完成，方法是选择主菜单中 Run|Register ActiveX Server；也可以用操作系统中的 Regsvr 32. exe 注册程序、程序方式或 DOS 命令提示方式来完成。二是常用在需要某个 ActiveX 地图控件用到其他机器中的情况，注册后的 ActiveX 地图控件就能在 Delphi 等软件环境中正常使用。

5.4.2　空间信息系统开发工具 ESRI MapObject 控件

ESRI MapObject 是一套空间制图软件集，程序开发者或应用者可以将地图文件添加到应用程序中，通过 MapObject 可以灵活地建立适合用户的地图接口，在小内存空间中，能用多种工业标准来创建应用程序，能够联合使用 MapObject 与其他软件去实现地图与用户层面的联系。MapObject 是 ESRI 产品的一部分，所以选用

MapObject 来开发环境信息系统可以同常用的 ESRI Coverage、ESRI ShapeFile 等数据产品形成统一,对提高系统的通用性大有好处。目前其最高版本是 ESRI MapObject 2.4,各版本间功能差异较小。

1. MapObject 的功能

MapObject 包括一个. OLE(Ocx)的地图控件,它包含一组近 40 多个 OLE 对象(Object),适用于工业标准程序环境。开发者可在熟悉的开发环境如 Delphi 高级程序工具下,利用 MapObject 提供的功能开发应用系统。目前,通过 MapObject 可完成以下功能:

(1)显示一幅多要素(多图层)地图,如道路、河流和边界等;

(2)放大、缩小、局部显示和漫游整个地图;

(3)生成图形特征(Feature),如点、线、面等;

(4)显示说明图形注记;

(5)识别地图上被选中的特征;

(6)通过点、线、拉框、多边形(圆)来选择特征要素;

(7)可定义选择距离某参照物一定范围内的特征;

(8)可通过标准描述性语言 SQL 来选择空间特征;

(9)对所选特征进行数学统计;

(10)对所选特征的属性进行更新、查询;

(11)绘制专题地图;

(12)标注地理特征;

(13)从航空照片或卫星图片获取图像信息;

(14)动态显示实时或系列时间组数据;

(15)在地图上标注地址或定位;

(16)可以显示不同地图投影和坐标,但不能互相转换。

2. MapObject 的特点

ESRI MapObject 允许用户定制图和 GIS 组件的应用程序查询空间数据,它主要包括如下方面的特点:

(1)支持 ARC/INFO 图层(coverage);

(2)支持 ESRI 的 Shapefile 文件格式、SDE 图层(layer)以及大量栅格图像格式,如 BMP、JPEG、THF、GIF 等;

(3)支持 Microsofts 的 ODBC 规范访问外部数据库;

(4)把数据作为多个图层在一幅地图中进行叠加显示,并可以进行图幅变换;

(5)强大的专题地图绘制功能;

(6)自动文字注记;

(7)用一个动态跟踪层来动态显示实时数据;

（8）用标准 SQL 表达式进行特征选择和查询；

（9）支持控件查询分析；

（10）通过大量搜索和框架操作符进行空间选择；

（11）地址匹配（又称地理编码）；

（12）强大而出色的对象模型；

（13）支持数据库版本管理。

3. ESRI MapObject 的组成

ESRI MapObject 包括一个地图控件和四十多个具有属性、事件和方法的 OLE 对象。ESRI MapObject 的对象分为六个组的对象模式，即数据访问对象组、地图显示对象组、几何图形对象组、地址匹配对象组、使用对象组与投影对象组。

1）数据访问对象组

通过数据访问对象（data access objects）组，便能建立与地图数据的联系，增加属性值，从地理特征上反馈属性信息。数据访问对象组由以下对象组成：

（1）数据连接（data connection）对象。该对象是 ESRI MapObject 通向地图数据的通道。它通过属性和方法来建立与地理数据集（geo dataset）集合的联系。

（2）地理数据集对象。该对象代表制图数据并可引用图层。它可引用 Shapefile 文件或 SDE 层的数据。

（3）地理数据集合。该集合是对于一个数据连接的所有 geo dataset 对象的总和。它是一特定文件夹中所有的 Shapefile 文件或 SDE 数据库所有 SDE 层。

（4）记录集（record set）对象。该对象代表一个图层的记录。如果用户选择了某特征，它就代表所选记录。这类似于数据库指针概念。

（5）表描述（tabledesc）对象。该对象用户描述关于与记录集相连的表的字段信息。

（6）表（table）对象。它是一个只读数据表对象，代表来自 ODBC 数据源的一个表单。用户可以增加一个表作为与图层对象的关联或为了大批地址匹配。

（7）字段（field）集合。它包括 Recordset 对象中的 Field 对象。

（8）统计（statistics）对象。该对象代表关于一个记录的简单统计信息。一般首先应用这一方法计算关于记录集的统计值，然后可在该对象中检查结果。

2）地图显示对象组

通过地图显示对象组（map display objects），可用符号或专题描述绘制一幅空间信息图，也可以加入图像作为背景，在地图上显示动态数据。地图显示对象组由以下对象组成。

（1）地图控件。该空间用于显示图层、图层名和动态跟踪图层对象，可以编写代码来控制鼠标驱动绘图事件、设置显示参数，通过方法可画特征、闪烁显示选择的特征、计算点与特征的距离、输入线、点等。

（2）层集合（layers）。它是服务于地图控件的图层对象和图像层对象的集合。

（3）图层对象。它代表带有一些显示属性的地理数据集合对象,利用图层可以处理专题地图,此对象有几个方法用来查找和选择地理特征。

（4）图像图层对象。该对象代表作为地图控件上的背景的影像文件。

（5）动态跟踪层（tracking layer）对象。该对象能动态拖曳特征而无须重显,这对实时数据的获取十分理想,它也可用于显示基本几何形状（如三角、圆）和描述文本,它们都不是地图数据的一部分。

（6）GeoEvent 对象。该对象代表可加到 Tracking Layer 对象上的点特征。

（7）符号（symbols）。该对象使用非常广泛,它直接影响如何在地图上显示特征的诸多方面。其属性包括颜色、字体、字形、大小、形状等。

（8）文本符号（textsymbol）对象。该对象代表能在图层对象中通过分类的办法依数值字段显示特征。

（9）ClassBreaksRenderer 对象。使用该对象能在图层对象中通过分类的办法依数值字段显示特征。

（10）ValuemapRenderer 对象。通过该对象可以在图层对象中通过指定字段中单独值,用符号来显示特征。

（11）LabelRenderer 对象。通过该对象可以在图层对象中,依特征的某一字段的属性标注文本。

3）几何图形对象组

几何图形对象组（geometric objects）提供几种功能,即按照从图层中选择的特征反馈几何信息;向图层添加几何对象;向地图中画几何对象而不更新图层。几何图形对象组由以下对象组成:

（1）矩形（rectangle）对象。该对象经常用来设置和反馈地图范围,也用来画矩形符号。

（2）点集。用于存储线和多边形对象的坐标。

（3）点对象。代表具有 x、y 坐标的点。

（4）线对象。代表地图上的一条线状地物特征。

（5）多边形对象。该对象代表多边形。它的第一个点和最后一个点在它的点集上是相同的。

（6）椭圆对象。该对象代表椭圆和圆。

4）地址匹配对象组

通过地址匹配对象（address matching objects）组,可以进入一图层上的某个地址,该地址具有街道和地址范围并返回一个位置,并可发现十字路口的位置和地名。地址匹配对象组由以下对象组成:

（1）地址位置（address location）对象。该对象是地址匹配结果。

（2）地理编码（geo coder）对象。在街道网络中，根据地址、交叉路口或是地址列表等信息定位。

（3）地点定位（place location）对象。通过该对象，可以列出带有地名的地理数据集合，并通过一个方法找出地名的位置。

（4）地址标准化（standardizer）对象。该对象用于标准化地址和路口信息。

5）使用对象组

使用对象组（utility objects）仅包含 strings 集合，它是一个字符串集合，用于管理字符串。

6）投影对象组

通过投影对象组（projection objects）中的对象，可以定义坐标并在不同坐标系之间进行投影转换，通过投影对象组由以下对象组成。

（1）基准面（datum）对象。该对象确定了投影的基准面。

（2）地理坐标系统（geocoordsys）对象。该对象使用经纬度坐标，系统描述地球上点的位置。地理坐标系统依赖于基准面，该基准面由 datum 属性确定。0 度经线称为本初子午线，该子午线由 primemeridian 属性确定。

（3）地理坐标转换（geo transformation）对象。该对象用于将矢量数据从一个坐标系统转换到另一个坐标系统。

（4）本初子午线（primemeridian）对象。该对象定义了地理坐标系统对象的本初子午线。

（5）投影坐标系统（projcoordsys）对象。经过投影的坐标系统不再使用经纬度来描述某个点的位置，而是使用 x 和 y 坐标值。投影坐标系统是基于地理坐标系统，然后依据某一方法将地球椭球体投影到平面上，该对象的 Geocoordsys 属性定义了本投影坐标系统是从某个地理坐标系统投影而来的，而 Projection 属性确定了投影方法。

（6）投影（projection）对象。该对象将地理坐标系统转换变成投影坐标系统所使用的数学转换方法。如高斯-克吕格投影等。

（7）地球椭球体（spheroid）对象。为了从数学角度定义地球，必须建立一个地球表面的几何模型。这个模型是由地球的形状决定的。它是一个较为接近地球形状的几何模型，即利用椭球体表示，由一个椭圆绕其短轴旋转而成，采用不同的资料推算地球椭球体的大小，故椭球体的元素值是不同的。椭球体模型主要有 Bessel、Clarke 等。ESRI MapObject 中提供四十多个预定义的椭球体模型。

（8）单位（unit）对象。该对象定义了地理坐标系统或投影坐标系统的单位。

4. ESRI MapObject 的数据源

ESRI MapObject 可以使用 Shapefile 文件、ARC/INFO Coverage 图层、图像（image）文件、属性数据库文件或通过 ESRI 的专用数据库引擎连接专用数据库。Shapefile 文件是地图数据的矢量形式，ARC/INFO Coverage 是 ESRI ARC/INFO

和 ESRI ArcGIS 的通用格式矢量数据,图像文件是栅格图像尤指航片或卫片数据,属性表是可用 ODBC 装入的任意格式,专用数据库是网络上通过 ESRI 专用数据库引擎连接的 Uuix 服务器。

1)Shapefile 文件矢量格式

Shapefile 文件是 ESRI 提供的存储地理数据的矢量格式,这意味着地理特征以 X、Y 形式出现,其坐标系统用笛卡尔坐标来表示,地物的每一特征的几何形状以一组矢量坐标的形式存储,其属性存放在与 Shapefile 文件相连的记录中。

一个 Shapefile 文件由主文件(. shp)、索引文件(. shx)和一个 Dbase 数据库文件(. dbf)组成。主文件中包含几何形状特征,是一个直接存取、变长记录的文件。索引文件包含数据的索引,文件中每个记录包含对应主文件记录距离主文件的偏移。Dbase 数据库文件,又称表文件,包含记录的特征,可以修改字段的定义等。Shapefile 文件通过 ODBC 读入,ODBC 在安装 MapObject 的同时被安装并注册。

Shapefile 文件的一个特点是无拓扑关系,因此,Shapefile 文件允许集合简单特征来形成合成特征。如把几条 Polyline 合成一条单一 Arc,通过 Shapefile 文件可以快速地显示图形并具有简单模型。

2)图像文件

在 MapObject 支持下,地图系统可以显示多种格式的图像文件。在地图中使用这类数据文件大多是卫星影像图片和航空照片。

图像文件依据带有灰度值或色标的一组像素来表示图片,这些像素无属性连接,其坐标系统与 Shapefile 文件不同。可把图像文件精确重叠于大地坐标的 Shapefile 文件,MapObject(或其他 ESRI 软件)采用 World 文件来配准图像。一个 World 文件是一个简单的文本文件,它包括数学参数来定义转换关系,其公式为:

$$x' = Ax + By + C \qquad\qquad (5-1)$$
$$y' = Dx + Ey + F \qquad\qquad (5-2)$$

式中:x' 表示像元在地图上的计算坐标值 X;

y' 表示像元在地图上的计算坐标值 Y;

x 表示像元列数;

y 表示像元行数;

A 表示 X 轴上像元的尺寸;

B、D 表示旋转关系项;

E 代表负的 Y 轴上像元的尺寸;

C、F 代表左上角像元中心的 X、Y 地图坐标。

注意,E 为负值,因为 Shapefile 文件坐标与图像坐标 Y 方向正相反;World 文件是包含 A、B、C、D、E、F 的连续行文本文件;MapObject 不支持图像旋转,这样 B、D 的值在 World 文件中是被忽略的,如果需要这样做,可用 ERSI 的 Arc Grid 来实现。

3)属性表

用 MapObject 编写的应用程序,可通过一种关系与外部属性表相连。这种关系是连接特征表(特征表可以是 Shapefile 文件的 Dbase 表,也可以是从 SDE 层中得到的表)与属性表的表。要实现这一连接,可安装 ODBC。这种关系留存于应用程序运行期间,它不会被写入文件中。

要建立这种关系,需要确认一个特征表的某一字段,一个要与之建立关系属性表和该属性表的一个字段。属性表的相关字段必须是主关键字段或允许在其上建立唯一的索引,一旦建立了关系,它就在特征表上建立了一种纽带,便可通过属性表的字段查询属性,但不能在 MapObject 中通过 SQL 表达式向其中增加数据。

4)空间数据引擎

如果采用大规模地图数据组来组织工作,则应该考虑使用空间数据引擎(SDE)。SDE 是一种高性能制图数据服务器,通过 SDE,空间数据可存放于 Unix 服务器上应用程序。用户的 SDE 应用程序可基于 Unix 或 Windows 环境下编写,SDE 提供软件开发和数据管理能力。

(1)管理大规模地理数据,提供地图无缝显示;

(2)通过某种商业关系数据库存储数据;

(3)通过一组高效的尖端空间数据操作来查询空间数据;

SDE 包括一个 C 语言应用程序接口(API),它提供最大能力的执行效率和极大的灵活性。

习　题

一、名词解释

1. 数据库　　　2. 关系型数据库　　　3. SQL　　　4. 索引

5. 关系系统　　6. 分布式数据库　　　7. GRID

二、选择题

1. 索引类别包括哪几类?(　)

　　A. 普通索引、唯一索引、复合索引

　　B. 普通索引、唯一索引、主索引、复合索引

　　C. 普通索引、外键索引、主索引、复合索引

　　D. 普通索引、唯一索引、外键索引、主索引、复合索引

2. 以下不是 ArcInfo 8 新增工具?(　)

　　A. ArcMap　　　B. ArcGis　　　C. ArcCatalog　　　D. ArcToolbox

3. 能计算坡度、坡向、土方量计算的模块是?(　)

　　A. NETWORK　　B. TIN　　　C. GOGO　　　D. GRID

4.支持数据浏览器在网络上浏览、查询、打印操作的模块是?(　)

　　A. ArcFM　　　　B. ArcDATA　　C. ArcExplore　　　D. ArcCAD

三、简答题

1.AML 是一种宏命令语言,有何特点?

2.索引的设计原则

3.Oracle 数据库逻辑结构

4.ArcInfo 的使用规则

四、论述题

1.论述 TIN 数据模型的组成

2.描述两种经典的 GIS 模型优缺点

3.简述学习 MySQL 数据库管理系统的基本操作过程。

4.简述如何使用 MySQL 数据库。

5.简述如何操作 MySQL 数据库。

6.列举环境信息系统实现的软件以及简要描述其特点。

7.简述 ARC/INFO 软件。

8.简述 ArcGIS Desktop 软件。

9.简述遥感信息处理软件系统。

参考答案

第6章　环境信息系统实例

6.1　水环境信息系统

6.1.1　概念和意义

水环境信息主要包括污染源信息、水体质量信息、水体功能分区信息、水质标准、环保法规等。建立水环境管理信息系统的目的是在水环境监测和调查的基础上,利用计算机技术和通信技术,实现环境信息的采集、传递、存储、维护及分析,为水环境管理提供信息服务。水环境管理涉及对大量业务信息数据的存储、查询和分析,现代水环境管理模式必须应用相关自然地理、社会经济信息,环境信息系统的建设和应用,实现了对这些信息的有效利用,其意义不仅表现在纯粹的技术环节,更重要的还在于通过采用现代化的技术手段,促进水环境管理方式的变革,从而提高工作效率,增强工作的有效性。

随着信息技术的应用推广与普及,使其在流域信息化管理领域也发挥着越来越重要的作用。部分发达国家开展了流域数字化、建模、虚拟仿真的研究,使得流域管理的观念产生根本改变,世界各国普遍意识到实现流域的数字化管理,对提高流域管理的效率和效益具有重要的意义。中国在 20 世纪 90 年代末开始积极进行流域管理决策支持的研究工作,经过多年的建设与发展,我国在流域信息化方面已经取得了一系列重要成果。通过一些规范和标准的制定,规划和启动一部分"数字流域"项目的建设,具有代表性的如"数字长江"和"数字黄河"等。

作为解决水环境问题的重要技术手段,水环境信息系统是"数字流域"工程建设的关键技术内容。通过对流域水环境基础信息系统的设计与研发,将实现流域空间信息、水环境监测信息、多媒体信息、用户信息及其他各类基础信息的采集、存储、显示、查询、编辑、分析、统计、输出等功能,为流域多目标多部门综合管理决策平台提供基础支撑,为流域水环境管理提供基础地理信息、水环境信息等基础服务。

6.1.2　水环境信息技术体系

1. 内容体系

一个完整的水环境管理信息系统的内容体系,具有连续性和全面性,能够为水环境管理提供全面的信息处理和服务。连续性体现为,前后的信息处理过程完整表达水环境管理中的业务链,最基础的信息通过信息处理后可以转化为直接支持管理决策的信息;全面性体现为,在水环境管理系统是由各个子系统组合而成,通过集合可以实现水环境的评估分析。水环境信息系统的内容体系主要包括以下几个方面:

1)水质实验室整编

在水质实验室通过各种仪器分析测试的实际工作中,在现场采样后,水环境检测样品的污染物浓度指标,也就是成果数据,大多需要经过进一步的处理,才可以得到通常的污染物浓度指标,也就是成果数据,这个过程称为水质数据整编。

水质数据整编系统是整个水环境信息管理系统的基础部分,该子系统完成样品标定计算、吸光度校准曲线分析计算、水质分析基础数据的存储、水质整编计算、成果数据的存储等工作。按照分析方法,可以将水质数据整编方法分为滴定法、分光光度法和其他可直接测量方法。

2)水环境信息维护

在信息维护子系统中,能够实现对各类信息的录入、修改、删除等功能。并且,在系统用户对数据进行操作时,系统能够辨别用户对数据的操作权限,对未被授权的用户拒绝其操作。系统规划一定的权限,系统管理员通过对系统用户角色的分配,限定不同用户对系统数据的操作。

信息维护的内容大致可分为以下三类:污染源信息、水体质量信息及与水环境有关的自然地理、社会经济概况。主要包括监测站点信息、监测断面信息、水质信息、水质标准、污染源、区域经济信息和系统用户信息等。

水环境信息维护以采用 web 结构为佳,维护的方式是在 web 上对以上信息进行浏览、添加、编辑和删除,并由具有相应权限的用户负责这些信息的维护工作。

3)水环境信息查询

根据用户的特定要求,形成查询语句,交由服务器端的 DBMS 执行,返回符合查询条件的数据,以文本、表格、图形的格式输出信息。查询的内容除了基础数据信息以外,还包括水环境评价、统计等结果数据。信息查询以采用 WebGIS 技术为宜,其优势在于以地图的方式,实现空间分布信息的直观获取,同时 web 技术使得查询系统更加高效和便捷。

4)水环境评价

水环境评价包括对水质和污染源进行现状评价。通过不同时段、不同参数的水质评价,可以指出水体的污染程度、主要污染物质、污染时段、位置及发展趋势。污染源评价采用单项污染指数法,以确定评价区域内的主要污染源排放是否超标。

5)水环境统计

为全面掌握水体污染在时间、空间上的变化规律,需要对水质监测数据进行统计,计算出特定的指标,如监测断面污染指标的测值范围反映水体污染的变动范围、检出率、超标率反映水体污染的严重程度、最大值出现日期反映最劣水质出现的时段、平均值反映总体污染程度,这些统计项目集中反映在水质特征值统计中。

按照专业规定,把调查和监测资料汇集成为各种报表,如监测断面表、水质成果表、底质成果表等,也是水质统计工作的重要内容。通过这些统计结果,可以反映区域水体的总体污染程度、污染最严重时的情况。

6)水污染损失评估

通过建立水质状况与各类实物型经济损失的定量关系,再进行水污染经济损失货币化定量估算,反映人类活动所造成的水环境价值减少量。通过多种情景分析,定量评估水污染恢复费用以及水体恢复后所带来的经济效益,也称环境价值增量。

根据水污染经济损失的基本特征,采用平移—变形的双曲函数作为水污染经济损失函数,其表达式为

$$\lambda = K \frac{e^{a(Q-M)} - 1}{e^{a(Q-M)} + 1} + M \qquad (6-1)$$

式中:a 为水污染对各分项计算内容的价格影响系数,a 值越大,函数曲线越陡,表明计算内容对水质状况极为敏感;反之,a 值越小,函数曲线越平缓,表明经济行为对水质状况敏感性比较差。M 为双曲函数拐点处对应水污染损失影响系数,即水质类别对经济损失影响的对称转折点。

建立了水污染经济损失函数之后,结合系统数据库中存储的社会经济统计资料和水环境监测部门的水环境质量监测数据,就可以对水环境质量变化过程中的经济成本进行定量计算,从而也就为区域水污染控制决策提供了定量化、理论化的依据。

7)水污染控制辅助决策

从广义上讲,上述各项内容都是为了实现水污染控制的辅助决策。本部分辅助决策功能重点强调通过水质数学模型、排污削减量规划模型等水环境模型的运用,为了解决预设条件下的水质状况,为制定总量控制目标提供一个程序化的技术手段。这种模型运用方法又不同于传统的水环境模拟方法,其最大的特点是集成化以及模型数据处理的系统化。

进行水污染控制辅助决策,主要包括运用水环境模型进行地面水污染物允许排放量计算、地面水水质预测、污染负荷削减量计算、不同削减方案的水体质量对比分析、水质预警预报、水污染控制方案的经济成本评估等技术内容。

8)水环境信息发布

用现代信息技术实现环境信息的公开,体现了社会发展的进步。发达国家环境管理经历了行政手段、经济手段、公众参与三个发展时期。当前,促进公众了解周边环境质量状况、监督污染物治理、积极参与环境管理已经成为重要的管理手段。因此,采用现代信息技术使公众及时准确地了解水环境状况,成为水环境管理发展的新趋势。国家环保局已经明确指出,作为中国环境政策和管理调整的重要内容,要积极推行信息公开化,加强公众对环境保护的监督。

2. 系统的结构体系

目前建设的水环境信息系统基本上都是基于网络结构体系的，且以 Browser/Server 结构的发展最为迅速，应用最为广泛。水环境信息系统的结构体系，从其本身所表达的业务内容存在差异的角度考虑，目前应该继续采用两种结构体系相互结合的方式，如图 6.1 所示。

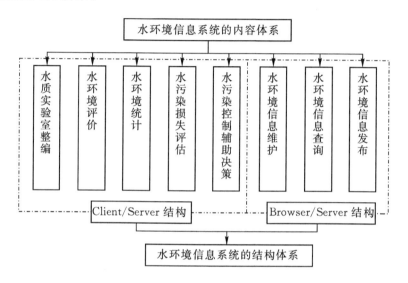

图 6.1　水环境信息系统技术体系示意图

1）Client /Server 结构

Client/Server 结构（客户/服务器结构）是常用的客户机和服务器结构。它是软件系统体系结构，通过它可以充分利用两端硬件环境的优势，将任务合理分配到 Client 端和 Server 端来实现，降低了系统的通信开销。

在水环境信息系统的内容体系中，水质实验室整编、水环境评价、水环境统计、水污染损失评估、水污染控制辅助决策的业务内容，一方面专业化特性明显，另一方面计算量较大。与此相应，由于 web 技术在某些技术方面尚有待发展和完善，所以仍然采用 Client/Server 体系为宜。

2）Browser/Server 结构

与传统的两层 Client/Server 体系结构明显不同之处在于，Browser/Server 体系结构中，将分布式网络系统分为三层，分别是：前端用户、中端事务逻辑和后端数据存储。

采用 Browser/Server 体系结构，客户端不需要开发和安装特别的应用程序，所有的应用开发都集中在服务器端，从而使信息共享变得更为简单，也使得应用系统的灵活性及扩充性得到充分提高。由于可以充分利用服务器端操作系统、应用系统在安全性方面的功能,使得系统安全性的维护得到加强。为了提高系统处理的效率,可以充分利用分布式计算的资源,将不同的应用分布在不同的硬件环境中。Browser/Server 结构的这些优势适合于水环境信息系统中水环境信息维护、水环境信息查询、水环境信息发布的业务特点,系统内容与技术可完美结合。

综合以上的内容,可以为水环境信息管理系统提供一个前后关联、相对完整的体系结构。为了成功建立水环境信息系统,需要详细分析实际的业务需求,选取适当的结构,采用先进的技术,实现多种技术的良好融合。

6.1.3　水环境信息系统实例——清潩河流域水环境信息系统

1. 研究背景

清潩河属于淮河流域沙颍河水系,是沙颍河重要的支流之一。发源于河南省新郑市,于长葛市官亭乡进入许昌境内,干流流经长葛市、许昌县、许昌市魏都区、鄢陵县和漯河市临颍县,于鄢陵县陶城闸下汇入颍河,全长 149km,流域面积 2362km²,占颍河流域面积近 32.1%。

清潩河天然径流匮乏,人工干扰严重,工业化、城镇化带来的污染排放和集约化农业面源污染叠加,具有典型混合型污染河流的特征。由于水生态功能退化,水环境污染严重,COD 浓度局域超标严重、氨氮浓度全流域超标凸显,COD 和氨氮分别占河南省辖沙颍河流域污染物入河量的 21.1% 和 23.1%,其中的 90% 来自许昌市。清潩河是沙颍河最主要的两条污染河流之一,总体为劣 V 类水体,不能满足国家重点流域和河南省流域"十二五"规划目标要求,与水环境功能区划目标(IV 类)差距甚远,被列入《国家重点流域水污染防治规划(2011—2015)》《河南省流域水污染防治规划(2011—2015)》重点控制单元和治理河流,其水质改善对沙颍河水质的改善至关重要。

同时,流域内社会经济发展与清潩河水环境质量之间的矛盾日益突出,对清潩河流域水环境质量提出了更高要求,而目前的管理模式和技术水平已难以适应全新的挑战,亟须构建全流域的水环境基础信息系统,及时充分掌握流域基础地理信息和各方面的水环境专题信息,在全流域尺度开展水环境质量整体提升及功能恢复措施。

2. 系统设计目的及意义

通过对清潩河流域水环境基础信息系统的设计与研发,将实现清潩河流域空间信息、水环境监测信息、多媒体信息、用户信息及其他各类基础信息的采集、存储、显示、查询、编辑、分析、统计、输出等功能,为流域多目标多部门综合管理决策平台提供基础支撑,为流域水环境管理提供基础地理信息、水环境信息等基础服务。

流域水环境管理系统面向与流域水环境相关的各行业、单位、部门、流域各地区通过同一个统一的信息系统的共享平台进行检测、交流、传递信息,实现跨部门、跨区域、多层次、多系统之间信息知识的交流与共享。流域水环境信息管理系统数据的信息全面,时效性高,可使相关部门获得全辖区内全面的水环境信息数据,使得各部门能及时了解流域水环境的最新状态。流域水环境信息管理系统水质评展,水质预测、污染源定位反演子系统是在数据库的基础上,结合相关模型可实现水环境的质量评价,污染模拟与事故源定位功能,为流域水环境管理提供决策依据,方便决策者在相关分析后快速,准确地做出最优决策方案。

清溪河流域水环境基础信息系统作为流域多目标多部门综合管理平台的基础性支撑系统,其实现效果直接关系到平台功能的应用效果以及流域水环境管理的科学性和实用性。流域水环境基础信息系统能够有效整合清溪河流域各管理部门之间的水环境管理资源和信息资源,有利于打破"信息孤岛",实现各部门之间数据的开放共享、互联互通以及部门业务的相互协同、高效配合。

清溪河流域水环境基础信息系统的设计技术路线如图 6.2 所示。

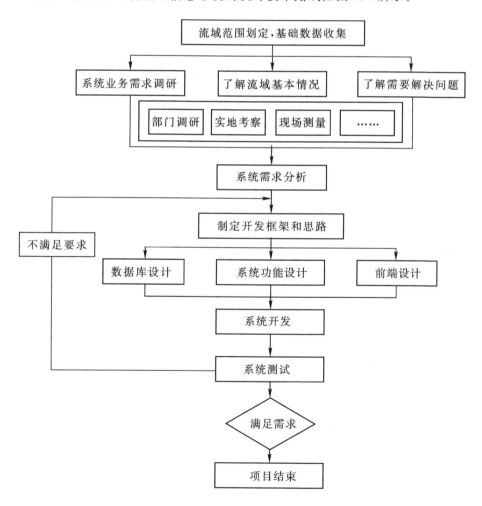

图 6.2　清溪河流域水环境基础信息系统研发技术路线图

3. 系统功能需求

(1)流域水文信息文档文件查询的实现。它包括清漠河流域的基本社会、经济情况和相关的法律法规等。用户只要点击鼠标,就可以方便地浏览所选择的数据或资料,还可以添加音频、视频、动画等元素,使文档内容更加丰富、栩栩如生。

(2)污染源管理的实现。它包括工业污染、生活污染、水面污染的污染物总量和重点污染数据。

(3)水质管理的实现。它包括监测断面、水质监测数据检索、水质监测报告文档查询以及数据评价与分析。

(4)排污口管理的实现。它包括各种监测数据、数据分析与显示。

(5)流域相关环境信息标注。监测点位、排污口、污染源等要素的标注,实现主要相关环境要素的标注定位。

(6)实现水环境统计。为全面掌握水体污染在时间、空间上的变化规律,需要对水质监测数据进行统计,计算出特定的指标,如监测断面污染指标的测值范围反映水体污染的变动范围,检出率、超标率反映水体污染的严重程度,这些统计项目集中反映在水质特征值统计中。

(7)建立流域 1∶50000 比例尺基础地理信息数据库,实现对流域基础多要素地理信息的查询检索。

(8)实现上述各数据库。污染源数据库、排污口数据库、历年水质监测数据库及相关地理信息数据库的综合空间分析。

(9)水污染损失评价。通过水污染经济损失函数,结合系统数据库中存储的社会经济统计资料和水环境部门的水环境质量监测数据,就可以对水环境质量变化过程中的经济成本进行定量计算,从而也就为区域水污染决策提供了定量化、理论化的依据。

(10)水环境质量预测。根据区域水体功能区的环境质量要求,建立污染源与环境质量之间的预测模型,为确定总量控制目标提供技术依据。

(11)实现相关法律法规和标准的建库和全文检索。

(12)实现数据的更新维护。

上述功能需求框图如图 6.3 所示。

4. 流域水环境基础信息系统总体设计

基础信息系统在总体分析与设计阶段需要根据经济、可靠、灵活、系统性等多种原则,进行整体考虑。清漠河流域基础信息系统的总体设计部分主要包括用户特点及需求分析、系统建设目标分析、系统架构设计、功能设计以及系统运行环境设计五个方面内容。

1)用户特点及需求分析

系统开发的需求分析工作主要为了确定用户对系统的整体需求以及所要达到的

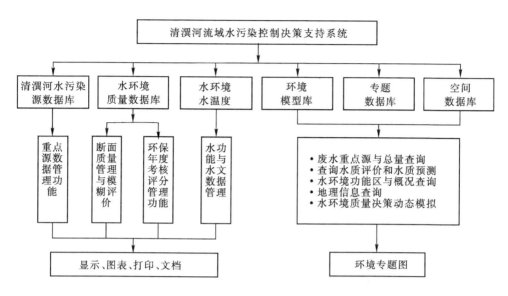

图 6.3　清溪河流域水环境信息系统的功能需求框架

标准,并分析其实现条件。这些需求的主要内容涉及系统功能、环境、可靠性、安全性、研发成本及进度等方面的需求,进而预先估计系统可能达到的目标,并对系统功能的正确性、完整性、清晰性以及其他方面的需求给予评价。需求分析的过程,就是将早期进行需求了解时搜集到的各方面资料进行整理的过程,最终以文档的形式将需求具体化。需求分析作为系统开发工作中非常重要的一环,起到了决策性、方向性和策略性作用,如果未能做好完善的需求分析极易造成系统开发过程中人力、财力、物力以及时间等成本方面的浪费。

清溪河流域水环境基础信息系统主要面向三类用户:水环境管理决策用户、企业用户及公众,不同用户各有其需求特点,在系统建设过程中都需要进行充分考虑,结合各类用户的特点,将清溪河流域基础信息系统的整体需求进行简要概括为以下三个方面:

(1)流域水环境管理决策用户。

该类用户熟悉清溪河流域范围内的水环境现状及污染源的分布等情况,同时对流域的水环境保护负有管理责任。该类用户可以通过系统实现部门之间的信息共享和互联互通,从而全面真实地了解流域内的基础地理信息及水环境专题信息,从而为流域水环境基础信息服务和科学管理提供信息化支撑。

(2)企业用户。

清溪河流域具有众多的工业污染企业,这也是导致该流域污染问题突出的重要原因。企业用户作为流域水环境管理的重要对象和参与主体,在流域基础信息系统设计时必须考虑到企业的业务需求。在系统运行过程中要有效提升对污染企业水环境信息管理的效率,从而降低管理成本。

（3）公众用户。

任何工作都离不开公众的参与和支持，且流域水环境信息与人民生活息息相关，公众对于水环境信息拥有知情权、监督权等权利。因此，流域水环境基础信息系统需要为公众用户提供基础信息查询、环境信息监督、用户注册登录等相关功能，进而有利于提升流域水环境管理工作的公众参与度。

2）系统建设目标分析

根据流域水环境基础信息系统需求分析的结果，制定合理的系统建设目标，对系统开发工作提供整体上的指导，这样完成的系统才能最大限度符合用户的实际需求。建设目标如下：

（1）实现流域基础地理信息及各类水环境专题信息的跨部门共享和开放。

（2）基于 B/S 的架构，实现系统的在线跨平台使用。

（3）能够对专题数据进行查询、统计和分析。

（4）实现数据的在线编辑和录入。

（5）实现自动检测数据的在线实时统计和显示。

（6）实现对水环境检测对象的音视频监控及现场调查照片等多媒体信息的在线管理。

（7）能够实现不同数据定期或实时的维护及更新。

（8）实现不同用户的权限管理。

（9）保障系统安全、降低维护成本。

3）系统架构设计

为了实现多部门的跨平台数据共享目标，清溪河流域水环境信息系统基于WebGIS技术进行开发，采用 B/S 架构，使用户能够在浏览器端实现流域基础地理信息和各类水环境专题信息的在线管理和使用。通过向各类用户提供流域的水环境基础信息服务，为实现流域信息开放共享、政务协同、综合分析等目标奠定基础。

系统逻辑结构：清溪河流域水环境基础信息系统逻辑结构主要分为三个层次，从下到上依次是数据层、服务层和表现层（见图 6.4）。数据层作为流域水环境基础信息系统的数据基础，主要包括了流域的空间信息数据库、水环境专题数据库、气象水文、社会经济以及属性数据库等，其中，空间数据库与各类专题信息及属性数据库的链接依靠 ArcSDE 完成。服务层为流域水环境管理提供流域水环境地图服务、信息统计查询服务、空间分析服务及各类业务专题服务，各项服务均通过 ArcGISServer进行发布，进而实现前端各类用户对服务的调用。表现层主要致力于为用户提供友好的、交互性强的前端界面，在浏览器端以及各类终端设计良好的表现界面，进而提升系统的应用效果。

清溪河水环境基础信息系统的物理结构主要包括 web 服务器、数据服务、ArcGIS 服务器、ArcSDE 服务器及数据采集更新服务器等几个主要部分。其中，用户可

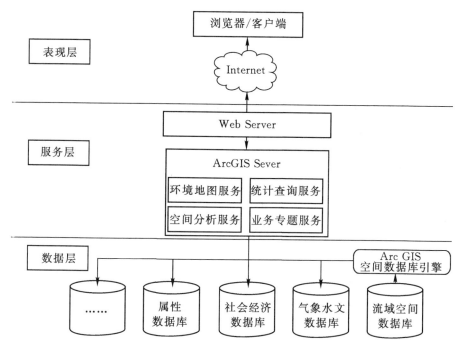

图 6.4　清漾河水环境基础信息系统逻辑结构图

以通过 HTTP 协议访问部署在 web 服务器上的流域水环境基础信息系统,并能够通过 REST 访问部署于 ArcGIS 服务器上的流域基础地理信息服务。ArcGIS 服务器负责地图的发布、分析和计算等方面的工作;数据采集更新服务器用来采集和更新流域的地图信息和各类水环境专题信息。ArcSDE 服务器作为 ArcGIS 服务器与 Oracle 数据库服务器之间的 GIS 通道,能够使开发者在数据管理系统中管理和使用流域的空间信息,并使所有的 ArcGIS 应用程序都能够使用这些数据。数据库服务器用来存储所有的流域空间信息和水环境专题信息。

根据用户的功能需求和用户特点进行对应的功能结构的设计有利于增强系统适用性。清漾河流域水环境基础信息系统主要功能包含流域基础地理信息服务、环境专题信息服务及用户管理三大模块。其中,基础地理信息服务主要包括流域地图管理、信息查询及地图分析三个子模块,环境专题信息服务包含数据编辑、流域监测以及综合统计三个子模块(图 6.5),每个子模块涉及的具体功能在下节系统功能设计部分进行具体阐述。

4) 系统功能设计

根据清漾河流域基础信息系统功能结构的几个主要模块及子模功能结构,对系统的具体功能进行详细设计。在流域基础地理信息服务模块,地图管理涉及的主要功能包括 web 地图的在线浏览、基本操作、图层管理以及与天地图等在线底图叠加

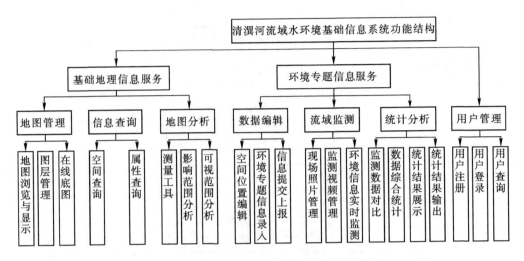

图 6.5　流域水环境基础信息系统功能结构图

等基础性功能;环境查询能够实现环境信息的属性查询和空间查询。

环境专题信息服务模块环境包括水环境数据编辑、信息管理以及专题信息综合统计功能。其中,数据编辑能够实现排污口、监测断面、企业等空间信息的在线编辑、属性信息录入以及业务数据的提交与上报。流域监测能够实现对排污口、监测断面、企业等主体环境信息的在线管理,主要包括现场照片、音视频监控以及各类实时监测环境专题信息的在线展示、查询和管理。统计分析功能主要实现流域各类环境信息的在线统计并以各类型的图表进行展示,同时能够对统计结果进行输出或打印,基于地图的分析功能涉及了空间量算、缓冲区分析以及视域分析等在线地理分析功能。

用户管理模块主要实现系统用户管理以及其他辅助管理功能,系统用户管理提供了不同类型用户的注册、登录、查询及使用权限管理等功能。各部分的具体功能见表 6-1。

表 6-1　清溪河流域基础信息系统主要功能简介

主要功能	功能简介
地图管理	地图显示、删减 图层管理、在线底图叠加显示 放大、缩小、漫游、视图切换、鹰眼等基本的地图操作
数据编辑	点、线、面空间图形编辑及水环境专属信息录入
信息查询	排污口、排污企业、断面属性查询 排污口、排污企业、断面、污染控制单元空间查询

主要功能	功能简介
流域监测	添加排污口、排污企业、断面空间及属性信息 业务报表数据在线填写并提交 排污口、排污企业、断面现场照片及拍摄相关信息管理 监控或调查视频管理 流量、污染物含量等水环境信息实时监测
统计分析	流量过程线、污染物含量对比等各类统计结果的图表展示 根据统计结果实现水质级别评价 各类统计结果在线打印或以 JPG、PNG 或 PDF 等形式输出 测量分析工具、影响范围分析、可视范围分析
用户管理	用户的注册、认证、登录、查询及其使用权限管理和日志管理

（1）流域基础地理信息服务。

流域水环境基础地理信息服务主要涉及流域基础空间数据及专题地图数据的管理、地图浏览及图层管理等基本操作功能,进行各类水环境专题信息的分类浏览,实现专题信息可视化和人机的交互操作。此外能够实现水环境专题信息的空间查询、定位和显示,并能够对流域空间地理信息数据进行处理和分析,为流域水环境管理提供空间信息技术的支持。

其中,地图数据管理能对清溪河流域的道路、河流、行政区划、污染控制单元分区、排污口、污染企业、监测断面、土地利用等各种类型的基础地理信息或水环境专题信息图层进行管理和控制。地图浏览主要实现对地图的漫游、缩放、视图切换、鹰眼等基本地图操作功能。图层管理能够进行各类专题信息的分类浏览、查询及可视化,进而实现专题信息提取,还能够实现与天地图等一些在线底图的叠加显示。

清溪河水环境信息查询是流域水环境基础信息系统的重要功能。系统通过 GIS和数据库的连接,实现基于 GIS 的水环境信息精确查询,主要包括空间查询和属性查询,并能够进行属性信息和地图数据的联动展示。其中空间查询是利用空间索引机制,从数据库中找出符合该条件的空间数据。同时也可根据属性表中的字段构造查询条件来查询某一属性表特定的记录,进行属性查询。此外系统能够实现几何查询、图查库、库查图等,并且能够对查询结果在地图上定位显示。以排污口查询为例,用户输入主题（如排污口编码、名称等）等过滤条件后,发送检索请求,系统将检索条件和数据库里的数据进行精确匹配,随后,系统会将获取的监测信息反馈给系统界面的属性数据,并在地图上呈现出当前检索信息。

流域基础地理信息的在线分析和处理为流域基础信息管理提供了重要的分析工具。清溪河流域水环境基础信息系统能够实现流域空间信息的多种分析功能,包括面积、长度测量、空间定位、影响范围分析以及可视范围分析等。以上功能的实现能够为水环境管理提供重要的线上辅助决策支持。

(2)流域水环境专题信息服务。

水环境专题信息服务是流域水环境基础信息系统的主要实现目标,包括水环境数据编辑、信息管理以及综合统计功能。水环境专题数据编辑与信息管理是流域水环境管理的数据基础,合理高效的水环境信息采集管理系统是整个流域基础信息系统有效运行的关键。水环境专题信息综合统计作为流域水环境管理的重要手段和成果,对于流域信息的科学分析具有重要意义。

在数据编辑方面,清溪河流域基础信息系统能够实现对环境信息进行在线编辑、数据库端更新等多种手段完成环境信息的采集工作。其中在线编辑能够实现点、线、面各类空间要素信息及属性信息的在线采集,同时能够实现数据库的同步更新。通过流域环境信息采集子系统对流域水环境信息的程序化与规范化采集,能够有效避免由于水环境信息来源渠道多,影响因素广泛,采集对象、手段、要求各异而对环境信息质量造成影响,从而可以实现及时全面、安全可靠的水环境信息采集。各类专题业务信息的在线填写与上报能够规范流域水环境管理模式,为水环境治理提供切实可行的信息化支撑。

在流域监测方面,流域基础水环境信息系统能够实现对排污口、监测断面、企业等各类主体环境信息的实时监测和在线管理。流域水环境信息管理能够实现对排污口、污染企业以及监测断面的现场照片、音视频监控数据在线查询、管理与展示。此外,对于一些自动监测站或能够实时监测的排污口,系统能够实现对各类水环境实时监测数据的展示和管理,从而能够实时掌握流域污染源信息,进而为流域污染信息的监测预警提供数据和技术基础。

流域统计分析部分主要实现清溪河流域各类环境信息的在线统计,并通过各类型的图表进行展示,同时能够对统计结果进行输出或打印。主要包括排污口、污染企业、监测断面等业务信息的统计和输出,并以统计图表的形式在 web 端展示。清溪河基础信息系统的专题信息统计图表开发工作借助了 Highchart 图表库以及 Dojo 的 web 矢量图开发的控件包,即"dojox. charting",借助其中封装的很多功能完善的矢量图控件,能够基于已有的数据序列高效的开发出美观的流域水环境信息 web 矢量统计图形。与此同时,可以通过设定相关参数以实现基于矢量图本身的交互效果。Highchart 和"dojox. charting"控件包不仅包括基本矢量图的接口(如:线状图、柱状图、饼状图等),也包括很多复杂的工业级的矢量图控件,完全能够满足清溪河流域水环境基础信息统计分析的需要。

基于上述功能,清溪河水环境基础信息系统能够查询显示各类污染企业、排污口、断面、污染源等基础属性信息,并能够实现环境监测数据的实时显示、历史数据统计等功能,并能够通过柱状图、饼状图、折线图等多种形式进行数据统计和显示。

改善流域水环境质量、保障水环境安全,是清溪河流域基础信息系统建设的核心目标和根本出发点,在通过科学方法并根据实际断面点位合理划分流域控制单元的基础上,全面及时了解各控制单元的水质信息,并以可视化方式呈现、以信息化手段管理,从而实现流域范围内科学高效的水质目标管理。

借助流域基础地理信息和水环境专题信息服务的相关功能,能够实现流域污染控制单元信息的编辑、管理、查询与统计,为流域水质目标管理提供更为直观和便捷的管理措施。

(3)用户管理。

清漠河流域基础信息系统以信息共享为目标,为实现流域水环境管理数据的跨部门共享、便于流域管理工作的部门协同,在系统运行过程中必然涉及公众、政府管理部门、企业等各类用户。因此开发建设一套统一授权管理和用户统一的身份管理系统,实现流域水环境基础信息系统的权限分配与变更进而进行有效管理,为水环境信息的开放共享提供安全保障,规范基础信息系统的使用是十分必要的。在系统研发过程中,对流域基础信息服务所涉及的各类用户进行合理的分析,系统提供不同用户注册、认证、登录、用户信息管理、权限管理等方面的功能。

5. 流域水环境基础信息系统实现

清漠河流域水环境基础信息系统的开发实现主要通过四个主要步骤完成,分别是:流域基础数据库的建立、流域地图服务的制作及发布、系统功能实现及前端设计。每个步骤需要完成的工作虽然各有其特点但并非相互孤立的,而是相互补充与配合的关系,且在开发的不同阶段都需要综合考虑,逐渐完善。

1)建立空间数据库

根据系统架构、功能及运行环境等方面的设计要求首先完成清漠河流域基础信息系统开发环境搭建工作,其内容主要包括硬件部署、网络部署、数据库、软件开发环境安装等多方面内容。在开发环境部署完成之后进入系统开发阶段,首先需要完成的工作就是流域基础数据库的建立。在完成对清漠河流域各类空间数据和环境数据的采集、整理和数据结构设计之后,根据设计方案将流域空间信息整理入库,主要包括流域基础地理信息数据和水环境专题信息涉及的空间位置数据。

在完成对清漠河流域各类空间数据和环境数据的采集、整理和数据结构设计之后,根据设计方案将流域空间信息整理入库,主要包括流域基础地理信息数据和水环境专题信息涉及的空间位置数据。在数据准备阶段,为保证流域空间数据的一致性,清漠河流域空间矢量数据均采用 Shipflie 格式,数据统一采用 WGS84 地理坐标系。属性表相关字段的命名完全按照第 3 章中数据结构设计的相关标准进行定义。在数据入库阶段,利用 ArcCatalog 和 ArcSDE 空间数据库引擎将矢量格式的空间数据与 Oracle 数据库进行连接。

2)发布地图服务

地图服务是流域基础信息服务的基础,其他各类功能都是建立在流域地图服务的基础之上。此外,良好的地图服务和美观的设计能够显著增强用户体验,更有利于强化流域基础信息系统的功能。

地图服务是流域基础信息服务的基础,其他各类功能都是建立在流域地图服务的基础之上。此外,良好的地图服务和美观的设计能够显著增强用户体验,更有利于强化流域基础信息系统的功能。本设计基于 ArcGIS10.2 完成清潩河流域基础地图服务开发以及相关 web 服务的发布。

流域基础地图服务所用数据源于空间数据库,以便于后期实现在线查询及编辑等功能。通过服务器环境下的 ArcGISDesktop10.2 设计并建立清潩河流域基础地图文档,地图文档主要图层信息包括上节数据库中包含的政府驻地、排污口、污染企业、监测断面、道路、河流、行政区划、污染控制单元以及土地利用等。地图坐标系统与数据保持一致,为 WGS84 地理坐标系。

3）系统功能实现

清潩河流域基础信息系统在 VisualStudio2013 环境下,基于 Asp. net 框架开发实现。在服务器端利用 Oracle 进行属性数据管理,并通过 ArcSDE 实现流域空间数据和属性数据库的链接,为系统提供所需的数据服务。系统功能主要通过 C♯和 JavaScript 基于 DOJO 框架开发实现,此外,前端开发还利用到了 JQuery、Bootstrap框架以及 HighCharts、layer 等多种第三方工具。

根据系统功能设计的主要内容,在系统开发阶段结合系统特点和用户体验,对流域基础地理信息服务和水环境专题信息服务的各项功能进行归纳与整合,主要形成七项功能,分别是:地图管理、数据编辑、信息查询、流域监测、统计分析和用户管理。其中每项功能下均有多项子功能,不同功能之间也存在相互交叉和补充关系。

4）前端开发

系统前端开发综合考虑了流域基础信息系统的功能结构、数据结构、用户特点等多方面因素,在 web 界面设计过程中要尽可能地保证其功能完整性、易操作性和简洁性等多方面的要求。

清潩河流域水环境基础信息系统基于 B/S 架构开发实现,对 GIS 空间数据库技术、GIS 的 web 服务技术及其他 web 开发方面各类相关技术进行了系统性的研究,综合考虑多方面因素,选择基于 ArcGIS API for JavaScript 进行系统开发实现,为流域基础地理信息在线处理、分析和共享提供了强有力的支撑。数据库设计和系统总体设计是流域水环境基础信息系统开发的基础工作,在系统开发实施之前均进行了深入的研究和详细的设计,并在后续系统研发过程中根据实际需要进行了不断地完善。

系统的开发实现是研究的重点内容。在前期大量工作的基础上实现了流域水环境基础信息系统的研发工作。根据前期功能设计,系统在流域基础地理信息服务、水环境专题信息服务及用户管理三个方面实现了多种功能,涵盖了流域水环境管理中基础信息的采集、管理、分析、统计、成果输出及开放共享等多个环节,为流域水环境基础信息管理提供了有效的信息化支撑。

6.2　大气环境信息系统

6.2.1　研究背景

大气是人类赖以生存发展的基础之一,大气环境质量的优劣与人类的生活质量、健康水平直接相关。随着经济的发展与城市化水平的提高,大量能源利用导致 SO_2、NO_x、PM_{10}、TSP、CO 等大气污染物不断排入周围大气环境中,导致严重的大气污染,目前,大气环境问题严重制约我国经济、社会可持续发展。此外,大气环境保护离不开环境信息的采集和处理,而这些信息 85% 以上与空间位置有关。随着大气环境问题的日益加重,陈旧的管理模式已经无法满足大气环境管理工作的要求,因而人们越来越认识到信息技术对环境保护的重要性。

地理信息系统(geographic information system,GIS)是一门传统科学与现代科学技术相结合而成的新兴边缘学科,与信息科学、计算机科学、地理学、几何学、测绘遥感学和管理科学密切相关,GIS 能够将空间信息的处理同属性信息有机地结合起来,并以直观的图表的形式提供给用户。此外 GIS 还能根据用户需要分析空间信息,得出时间和空间上的变化,为有关部门进行决策提供参考和依据。在 GIS 的帮助下,用户采集、编辑、管理和显示各种环境信息更方便,而且对环境进行有效监测、分析、模拟和评价更有效,从而为大气环境保护提供全面、及时、准确和客观的信息服务和技术支持。

大气环境信息系统(air environmental information system,AEIS)是在 GIS 的基础上发展起来的,可以对各种大气环境信息的收集、传递、存储、管理和显示,还可以对大气环境进行有效的监测、分析、模拟、预测和评价,并将结果以各种直观的图表形式显示出来的工具。大气环境污染问题是社会面临的严峻问题,而人们已经深刻地认识到大气环境保护的必要性。信息技术可推进大气环境的保护,大气环境信息系统已经成为信息技术在大气领域中一个新的研究方向。AEIS 的建立,能够为有关领导和环保管理部门提供可视化、直观形象的信息获取手段,使其方便、迅速地掌握城市的大气环境信息,包括大气环境背景、大气污染源、大气污染物的排放、大气污染效应、大气环境监测、预测与评价结果等,还可帮助从现有的大气环境基本信息以及各种信息的空间关系中挖掘出新的信息,引导环境管理工作者产生新思路,发现和解决新问题,拓展形象思维。

大气环境管理所涉及的大量环境信息,不仅具有时间性、动态性,还具有空间分布的特点。换言之,大气环境问题是一个复杂的空间问题。目前的管理信息系统虽然可以完成统计报表处理、属性数据查询等功能,但却无法处理具有空间分布特征的信息,即不能进行空间数据的管理。然而,空气污染源识别和空气质量评价信息都具有极强的区域性和动态性,从考虑空间特征的宏观角度来处理这类信息,会使信息系统更为准确,更具参考性。因此,将地理信息系统和大气环境的预测、评价、污染源的识别结合起来,是环境管理信息软件的发展趋势。

6.2.2　国内外研究现状

国外 AEIS 的研究起于 20 世纪 70-80 年代,是随着工业发达国家对日益严重的环境问题的关注逐渐发展起来的。例如,在英国、荷兰、德国、美国等发达国家,开始采用先进的大气动态实时监测系统开展空气污染预报工作,进行大气污染识别和预报分析,为当地政府对可能出现的大气污染事故事先采取措施提供依据。此外,在西欧国土相连的许多国家,已经采用国际网络、跨国联合的形式分析、预报大气污染。虽然美国、日本及西欧一些国家用不同的数学模拟方法所开发出的大气污染预测评价软件所需要的基础资料有所差别,但其都是针对本国具体城市的大气污染评价和预测,总体发展趋势一致,并日趋完善。

我国对 AEIS 的研究起步较晚,但进展较快,目前已取得了一定的成效。"七五"期间,我国开始了大气环境信息标准化和大气环境数据库的开发研究。《国家环保局"九五"计划和 2010 年远景计划目标》将大气环境信息化作为环境管理能力建设的重要内容之一,并提出了"九五"国家大气环境信息化的目标,规定实现大气环境信息化、提高环境管理和决策水平是一项战略任务。与此同时,该文件特别强调了大气环境地理信息系统的应用。经过多年的发展,我国不仅建立了国家级的 AEIS,同时也建立了一批省市级、区县级 AEIS 和专题 AEIS,这些 AEIS 为我国大气环境管理的现代化水平起到了推动作用。

6.2.3　GIS 在大气环境中的应用

目前,GIS 在大气环境研究中的应用主要集中在以下几个方面:

1. 大气环境信息采集

大气环境信息采集的目的是获取相对于认识主体,表征大气环境实体的性质、特征、变化状态以及大气环境特征与现象直接关系的数据。3S(GIS、RS、GPS)技术的有机集成为获取区域尺度的大气环境信息奠定了基础。

2. 大气环境数据管理

大气环境数据管理是进行大气环境质量模拟与分析的保证,而 GIS 中的数据库技术是大气环境数据管理技术的基础。GIS 应用于大气环境数据的管理包括数据的采集、编辑、管理、存储、转换、分析及输出等。

3. GIS 与大气环境模型的结合

应用 GIS 与大气环境模型相结合对大气环境进行质量模拟与预测分析已成为

大气环境研究领域的热点问题。GIS 在环境建模的不同阶段都发挥不同的作用,包括数据处理、模型空间离散化、模型参数化及结果可视化表现等。总而言之,GIS 与大气环境模型的结合为大气环境质量的模拟及预测提供了有效方法。

4. 大气环境动态监测

利用 RS 和 GPS 技术可以对大气环境要素进行实时动态的监测,进而获取大气环境信息。大气环境实时数据采集系统由遥感传感器和 GPS 接收机组成。各种遥感传感器采集到的数据经处理后与 GPS 测定的坐标数据一起输入到 GIS 数据库中,然后利用 GIS 技术对大气环境质量进行分析、对大气环境动态变化进行预测。

5. 区域大气环境整治

通过遥感观测和对遥感图像的分析,能够了解过去若干年内某区域生态环境的变化过程,此外将其与驱动因子联系起来,还可以为区域大气环境整治提供科学的依据。借助 GIS 建立的区域大气环境时空变化模型,具有实时、空间表达详尽等特点。

6. 大气环境管理与规划

目前大气环境污染问题日益明显,对大气环境质量进行大范围实时监测更加迫切。利用 GIS 可以对大气环境信息进行编辑,管理海量的大气环境信息,维护复杂对象的图形和属性信息的对应关系。利用 GIS 的专业模型应用功能,还可以对大气污染进行预测、评价、规划、模拟和决策等。

6.2.4　大气环境信息系统实例——以济南市为例使用 ArcView GIS 开发的城市大气环境信息系统

1. 系统设计目标

利用组件式 GIS-MapObjects 的 GIS 组件功能,运用编程工具 VisualBasic 编制应用程序,建成一个具有大气环境信息添加、修改、删除、查询,大气环境质量评价等功能的区域大气环境信息系统,以便实现大气环境信息的科学管理,为大气环境管理的决策部门提供有效的信息支持。

系统采用 GIS 技术,将来自于不同渠道的大气环境信息充分地表达出来;还可按大气环境管理业务的需求组织不同的图层及功能模块,系统操作方便,通过鼠标选择,可实现对所选对象要素的信息查询等。

2. 技术路线

结合区域大气环境信息系统的具体要求,首先对系统进行总体设计,然后对具体的各个子系统进行功能分解,并进行数据库的建设。其开发步骤见图 6.6。

本系统可以解决的关键技术问题:

(1)采用 VisualBasic＋MapObjects 进行集成二次开发,解决区域大气环境信息系统总体框架的设计问题。

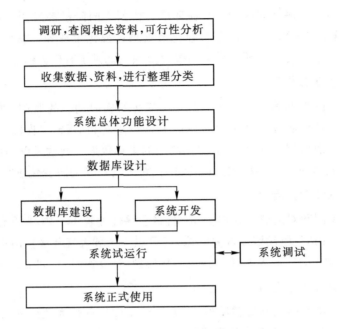

图 6.6　区域大气环境信息系统开发步骤

（2）采用 SQLServer2000 建立关系数据库（属性数据库），通过 ActiveX 数据对象（ActiveX Data objects，ADO）技术使数据库与大气环境信息系统链接，解决专题数据库与 AEIS 的无缝链接问题。

（3）通过 VisualBasic 语言建立大气环境质量评价模型库，直接调用系统实现大气环境质量评价，解决模型库的建立与 AEIS 的结合问题。

3. 系统设计原则

区域大气环境信息系统的总体设计应遵循以下基本原则：

（1）可靠性原则。

大气环境信息系统的可靠性包括两个方面：一是系统运行的安全性；二是系统数据库中的数据准确可靠。

（2）实用性原则。

系统数据组织灵活，可以满足不同应用分析的需求，使系统真正实现办公自动化，管理信息化。

（3）共享性原则。

系统数据具有可交换性，能够实现与不同的环境信息系统、其他应用型 GIS 之间的数据共享。

（4）经济性原则。

在保证实现各项功能的基础上，系统应以最好的性价比配置硬件、软件，尽快发挥经济效益和社会效益。

（5）可扩展性原则。

系统要具有良好的接口和方便的二次开发工具,可不断地改进、扩充和完善。

（6）可操作性原则。

系统各功能模块应保证操作方便,使用简单,易于学习。

4. 系统总体结构

系统以 SQL Server2000 数据库作为属性数据和空间数据存储的物理实体,数据引擎负责数据的存储管理;系统的主要界面及功能模块以 VisualBasic 为主要开发环境,并与 MapObjects 结合,采用面向对象的编程思想,实现系统的总体设计。系统的总体结构见图 6.7。

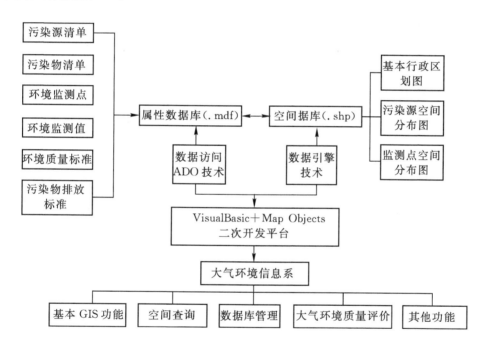

图 6.7　区域大气环境信息系统总体结构图

5. 系统数据库的设计

大气环境信息系统的数据库包括空间数据库和属性数据库,其主要功能是进行数据的录入、管理、查询、输出及数据维护等,向用户提供基本数据的信息,是整个系统的基础。空间数据库的设计主要是数据分层,基础数据按通用分层标准划分点、线、面图层。

1）空间数据库的设计

空间数据库的设计与实现 GIS 的核心,是实现数据可视化、空间分析和综合决策的基础。本系统涉及的空间数据主要有基本行政区划图、大气污染源空间分布图以及大气环境监测点空间分布图。

根据污染源、监测点等信息的特点,本系统空间数据库的建立主要包括:

(1)栅格图像的矢量化。

将获取的基本行政区划图、大气污染源空间分布图以及大气环境监测点空间分布图等图形文件根据所需的图层进行分类整理和预处理,主要是栅格图像的扫描和配准;然后将现有栅格图像矢量化,包括人工矢量化或数字化仪矢量化。

(2)建立拓扑关系。

将矢量化的图像进行编辑,建立拓扑关系,组合复杂地物,实现图形数据与属性数据的连接,为下一步进行空间数据库的管理奠定基础。

(3)数据质量控制。

数据的质量控制贯穿整个系统的建立过程,在整个过程中应主要从原图精确度的审查、数据的准确性、空间数据精度、数据逻辑一致性、数据情况说明等方面进行控制。

区域空间数据库的建立流程见图 6.8。

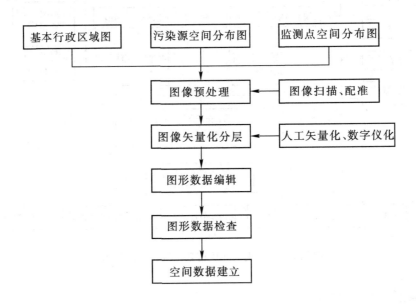

图 6.8　空间数据库建立流程图

2)属性数据库的设计

大气环境信息系统属性数据库设计是指在现有数据库管理系统上建立属性数据库的过程,是系统数据库的重要组成部分。

本系统采用常用的数据库管理系统 SQLSevrer2000 来进行属性数据的存储、管理(以二维关系表的形式存储属性数据,用编码的方式来区分表示不同地物的属性数据)。属性数据库的设计大致可分为概念模型设计、逻辑模型设计、物理设计三个阶段。

(1)概念模型的设计阶段。

采用实体-联系方法(entitr relation,E-R 图法),图 6.9 是本系统的 E-R 图,其中,方框表示实体,菱形表示联系。

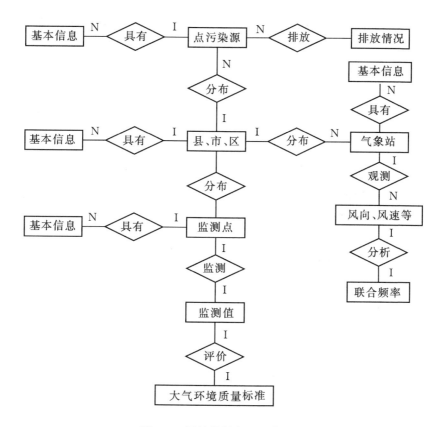

图 6.9 属性数据库 E-R 简化图

(2)逻辑模型的设计阶段。

该阶段主要任务是将概念模型转换成系统所选用的 DBMS 支持的数据模型。

(3)物理设计阶段。

本阶段根据逻辑模型设计的结果,采用 SQL Server2000 数据库管理系统建立属性数据库。

(4)数据库的连接。

本系统中,通过关键字段(如 IPSShapelD、JCDID、DisShapeID 等),将空间数据库与属性数据库两者有机地结合起来。

6. 系统功能设计

1) 基本的 GIS 功能

系统采用符合标准规范的点、线、区域、颜色、符号,直观形象地表示相应的环境信息数据类型,可以对生成的图形进行放大、缩小、漫游、还原以及自动标注等,能显示和管理用户需要的各种分层分布图。

2) 查询功能

系统的查询功能主要包括空间要素到属性要素的查询和 SQL(条件)查询。

(1)空间要素到属性要素的查询。当用户选中地图窗口中某个地理要素时,系统就会自动弹出一个新的窗口,该地理要素的属性值便会在该窗口中显示出来。

(2)SQL(条件)查询。结构化查询语言(structured query language,SQL)是一种关系数据库查询和程序设计语言,用于存取数据以及查询、更新和管理关系数据库系统。

系统可以进行 SQL 查询,根据属性信息给定条件,查询满足条件的所有空间对象,并显示所查询到的空间对象。SQL 查询是基于一个或多个变量而形成的数据子集,可以通过构造围绕数据的问题或查询条件来创建条件,为用户提供方便的查询功能,用户通过此功能模块可以查询到满足条件的结果。

3) 数据库管理功能

系统对行政区、污染源、监测点等信息提供数据处理功能,主要包括数据库建设、数据添加、数据修改、数据删除等,能完成对数据库的基本操作,并且能和其他属性数据库连接,使系统更加灵活,具有开放性。

4) 大气环境质量评价功能

利用本系统中的大气环境质量评价功能,根据监测点的污染物浓度,得到相应的大气质量状况,并针对大气质量状况提出相应的预防措施。

5) 其他功能

其他功能主要是用户管理功能以及帮助功能等。

7. 系统功能的实现

根据系统总体设计的思路,以济南市为例,利用 MapObjects 提供的 GIS 组件,在面向对象的程序设计语言 Visual Basic 环境下实现大气环境信息系统的功能。

MapObjects 支持多种数据格式,本系统的开发上主要针对 ESRI ShapeFile 文件格式进行操作。ShapeFile 文件可由 ArcMap 或 ArcView 来创建,也可由其他文件格式(.tab 文件)转化而来。本系统所采用的 ShapeFile 文件便是由".tab"文件通过 MapInfo Professional 软件中的"通用转换器"转化而来。

一般创建好后的每个 ShapeFile 文件代表一个图层,每个图层文件包括三个特征文件。它们是空间特征数据文件(.shp)、索引文件(.shx)和属性数据文件(.dbf)。

1）系统基本的 GIS 功能

（1）图层管理功能。

图层的管理功能主要包括：图层的加载、卸载；图层的可见、不可见；图层的标注；地图的显示、隐藏。此功能可通过菜单栏的"地图管理—图层管理"以及地图的工作空间窗口来实现。

图层的卸载通过 Remove、Clear 命令来实现，其中 Remove 命令实现一个图层的卸载，Clear 命令实现所有图层的卸载；图层的可见、不可见通过 Layer 的 Visible 属性实现；图层的标注使用 MapObjects 中的 Legend 组件实现；地图的显示、隐藏通过 Map 的 Visible 属性实现。

（2）基本地图操作功能。

地图操作的基本功能包括放大、缩小、漫游以及还原功能。此功能可通过菜单栏的"地图管理—地图操作"来实现，也可以通过系统工具按钮来实现。

（3）鹰眼图的实现。

鹰眼图实现的思路如下：在主窗体上放两个 Map 控件——主图和鹰眼图，然后在鹰眼图上创建一个图层，并在其上添加一个矩形要素，该矩形的大小随着主图边界的变化而变化。

2）查询功能

空间要素到属性要素的查询是通过单击"查询"菜单中"属性查询"按钮实现的。

SQL 查询实现的过程就是对数据库中的数据表的所有字段值进行过滤，根据查询条件，筛选出符合条件的空间实体的标识值。根据用户的需求，设计成方便快捷的查询界面，以及具有供用户选择的字段列表、操作符列表、值列表等。程序运行时，根据用户的选择，生成相应的 SQL 查询语句，再将 SQL 查询提交给后台数据库，最后将结果显示出来。

3）数据库管理功能

系统数据库管理功能包括数据的增加、数据的修改、数据的删除。系统的数据库管理主要包括污染源数据库管理。空气质量数据库管理、污染气象数据库管理及其他数据库管理。其中污染源数据库管理包括点源基本情况表、点源燃料消耗表及其他情况表的管理，空气质量数据管理包括监测点、监测值的管理，污染气象数据管理包括气象站基本情况表、联合频率分布表、风向玫瑰图表、风速玫瑰图表及气象观测数据表，其他数据管理包括行政区划基本情况表、空气质量标准表等的管理。

4）大气环境质量评价功能

大气环境质量评价，就是将监测点的监测数据与国家规定的大气质量标准等级相比较，进行综合评价，为环保部门及相关职能部门提供科学管理与污染防治决策依据，并为社会公众对大气环境质量认识提供一种尺度。目前常用的大气环境质量评价方法主要有：神经网络法、聚类分析法、空气质量指数法（AQI 法）和空气污染指数法(API 法)。本系统的大气环境质量评价功能主要采用空气污染指数法(API 法)和空气质量指数法(AQI 法)。

(1)空气污染指数法(API 法)。

空气污染指数(API),是一种评价空气质量好坏的量化指标,它是在美国污染物标准指数(PSI)评价法的基础上加以简化,将常规监测的几种空气污染物浓度简化成污染指数,并分级表征空气质量状况与空气污染的程度。API 法首先用内插法计算各污染物的分指数,根据污染分指数确定区域空气污染指数,并确定该污染物为首要污染物。空气污染指数确定后,再判定空气环境质量级别并做出空气质量描述。

污染分指数的计算:

污染指数与各项污染物质量浓度的关系是分段线性函数,各污染物的分指数 I_i 可由实测浓度值 C_i 按分段线性方程用内插法计算,具体计算方法如下:

当第 i 种污染物浓度 $C_{i,j} \leqslant C_i \leqslant C_{i,j+1}$ 时,其分指数为:

$$I_i = \frac{C_i - C_{i,j}}{C_{i,j+1} - C_{i,j}}(I_{i,j+1} - I_{i,j}) + I_{i,j} \quad i = 1,2,3,\cdots,n; \ j = 1,2,3,\cdots,m$$

(6 - 2)

式中:

I_i——第 i 种污染物的污染分指数;

C_i——第 i 种污染物的浓度监测值;

$I_{i,j}$——第 i 种污染物 j 转折点的污染分指数值;

$I_{i,j+1}$——第 i 种污染物 $j+1$ 转折点的污染分指数值;

$C_{i,j}$——第 j 转折点上 i 种污染物(对应于 $I_{i,j}$)浓度限值;

$C_{i,j+1}$——第 $j+1$ 转折点上 i 种污染物(对应于 $I_{i,j+1}$)浓度限值。

$(I_{i,j}, C_{i,j})$ 的分指数及相应浓度限值见表 6 - 2。

表 6 - 2　空气污染指数相对应的污染物浓度限值

空气污染指数	污染物浓度(日均值)mg/m³		
API	SO₂	NO₂	PM₁₀
50	0.050	0.080	0.050
100	0.150	0.120	0.150
200	0.800	0.280	0.350
300	1.600	0.565	0.420
400	2.100	0.750	0.500
500	2.620	0.940	0.600

空气污染指数的确定及空气质量分级:

当各种污染物的污染分指数计算出后,按下式确定 API:

$$API = \max(I_1, I_2, I_3, \cdots, I_i, \cdots, I_n) \qquad (6-3)$$

式中：

　　I_i——第 i 种污染物的污染分指数；

　　n——污染物的个数。

　　即选污染物分指数最大者为该区域空气污染指数 API，并确定该污染物为首要污染物。当空气污染指数 API≤50 时，不报告首要污染物。API 确定后，再按表 6-3 判定空气环境质量级别并做出空气质量描述。

表 6-3　空气质量分级标准

API	0~50	51~100	101~150	151~200	201~250	251~300	>301
级别	Ⅰ	Ⅱ	Ⅲ₁	Ⅲ₂	Ⅳ₁	Ⅳ₂	Ⅴ
空气质量状况	优	良	轻微污染	轻度污染	中度污染	中度污染重	重度污染

　　（2）空气质量指数法（AQI 法）。

　　空气质量指数（air quality index，AQI）是由美国环保署（Environment Protection Agency，EPA）开发的为人们提供当地空气质量信息的一种及时的、易懂的方法，它同时也可以揭示空气的质量是否会对健康造成影响，并且针对这些影响提出了相应的建议。它提供了一个简单的、统一的系统，这一系统在美国被广泛应用于报告洁净空气法案（Clean Air Act，CAA）控制下的各主要污染物的污染程度。

　　EPA 用 CAA 规定的 5 种污染物来计算 AQI 值，即二氧化硫、二氧化氮、颗粒物、一氧化碳和臭氧，对于每一种污染物，EPA 都建立了相应的空气质量标准。

　　空气质量指数法（AQI 法）各转折点相对应的污染物浓度值见表 6-4。

表 6-4　空气质量指数相对应的污染物浓度值

AQI 值	SO₂ (ppm)	NO₂ (ppm)	PM₁₀ (μg/m³)	PM₂.₅ (μg/m³)	CO (ppm)	O₃ (ppm) 8 小时	O₃ (ppm) 1 小时
0~50	0.000~0.034	—	0~54	0.0~15.4	0.0~4.4	0.000~0.064	—
51~100	0.035~0.144	—	55~154	15.5~40.4	4.5~9.4	0.065~0.084	—
101~150	0.145~0.224	—	155~254	40.5~65.4	9.5~12.4	0.085~0.104	0.125~0.164
151~200	0.225~0.304	—	255~354	65.5~150.4	12.5~15.4	0.105~0.124	0.165~0.024
201~300	0.305~0.604	0.65~1.24	355~424	150.5~250.4	15.5~30.4	0.125~0.374	0.025~0.404
301~400	0.605~0.804	1.25~1.64	425~504	250.5~350.4	30.5~40.4	—	0.405~0.504
401~500	0.805~1.004	1.65~2.04	505~604	350.5~500.4	40.5~50.4	—	0.505~0.604

注：1. NO₂ 的影响较小，只在 AQI 值高于 200 时，才有对应的浓度值。

　　2. 一般来说，一个地区报告的 AQI 值是用 8 小时臭氧的值计算出来的。但是在少数分地区报告的 AQI 值是用 1 小时臭氧的值计算出来的。这些地区更要加强预防。因为在这种情况下，是分别计算出 8 小时臭氧的浓度和 1 小时臭氧的浓度对应的 AQI 值，然后报告其中较大的一个。

　　3. 当 8 小时臭氧的浓度超过 0.374ppm 时，即 AQI 值等于或大于 301 时必须用 1 小时臭氧的浓度计算。

　　空气质量指数（AQI）目的是说明空气质量对健康的危害，值越大，危害越大。根据其危害程度不同分为 6 个等级,每一等级都对应于一种特定的颜色,以便于人们更快更容易地理解空气的质量状况。

空气质量指数(AQI)的等级分类见表 6－5。

表 6－5　AQI 等级分类

AQI	0～50	51～100	101～150	151～200	201～300	301～500
空气质量状况	良好	中等	对敏感人群有危害	不健康	很不健康	危险
颜色	绿色	黄色	橙色	红色	紫色	栗色

AQI 为 100 时,表示污染物的浓度与国际健康标准的健康水平相对应,它是一个临界值;AQI 值为 500 时对应于污染物引起严重危害的水平。这一指数在国际上被广泛应用于为公众提供空气污染信息。

AQI 是一个以空气中污染物对人体造成的危害为基础的空气质量评价体系,因此它在评价环境质量的同时,针对每一种污染物可能引起的危害以及这种危害所涉及的人群提出了相关的保护措施。一般情况下,可以通过减少运动时间和减小运动量来减轻污染物的危害。

本系统根据组件式 GIS 的原理及特点,研究了基于组件式 GIS 的大气环境信息系统的构建,选择使用集成二次开发模式开发了济南市大气环境信息系统。该系统主要具有以下特点:

①界面友好,操作方便。系统采用与 Windows 一致的菜单方式,使得用户界面更加友好、方便、直观,对操作者不存在计算机专业的要求,用户只需简单操作就可以实现自己的目的,便于推广和应用。

②系统将组件式 GIS-MapObjects 与 VisualBasic6.0、SQLServer2000 数据库系统相结合,充分发挥了各自的优点。

③系统以组件式 GIS 技术,不仅实现了基本的 GIS 功能,如图层管理功能、基本地图操作功能、鹰眼图功能;同时实现了地理空间数据与属性数据的结合,可以对济南市的大气点源信息等进行增加、修改、删除、查询,还能够向环境工作者提供合理有效的管理平台,为环境管理和污染防治提供快捷便利的工具。

④可扩展性强。系统由于组件接口的不变性,平台的提升、系统规模及系统功能需求的扩展不会影响系统源代码,所以使构建的系统具有极大的延展性和灵活性。

6.3　湿地环境信息系统

6.3.1　湿地生态环境监测研究现状

湿地生态环境信息是指采用科学的、可比的方法在一定时间和空间范围内对特定类型的湿地生态系统的结构与功能等特征要素进行监测,定量获取湿地生态系统状况及其变化信息的过程。

通过湿地生态环境监测可以揭示湿地生态系统的形成、演化规律,构建湿地生态系统模型,阐明湿地退化的原因,评价湿地生态系统的健康状况,探索湿地保护的有效途径,为科学地进行湿地生态系统管理提供依据。

20 世纪 70 年代以来,人们对湿地重要性的认识不断加深,许多国家陆续建立了湿地信息系统。尤其是美国,很多州建立了湿地信息系统,如佛罗里达州建立了湿地动植物信息检索系统、德克萨斯州建立了湿地信息网络服务系统、加利福尼亚资源局开发了加利福尼亚湿地信息系统、蒙大拿州湿地委员会发起并建立了蒙大拿州湿地信息系统、路易斯安那州建立了湿地恢复空间决策支持系统等。与此同时,其他许多国家也相继建立了湿地信息系统,如土耳其利用 ArcView 建立了土耳其湿地信息系统、印度建立了国家湿地环境信息系统、加拿大建立了国家湿地环境信息系统、欧洲六国建立了湿地评估决策支持系统。

近年来,我国在这方面的研究进展很快。2000 年我国第一个功能全面、实用性较强的湿地信息系统——洞庭湖湿地保护信息系统问世。随后,各类湿地信息系统不断出现,相继建立了广东省海岸带湿地资源与环境信息系统、松嫩平原湿地信息系统、扎龙湿地生态信息系统等。许多学者还对湿地信息的因特网发布与共享机制、遥感技术应用等问题进行了深入探讨。根据湿地信息系统的功能,可将其划分为两大类:查询服务型信息系统和决策支持型信息系统。前者侧重于将湿地信息构建成湿地信息数据库,为公众查询湿地信息服务;后者具有对湿地信息集成处理并产生新信息的能力,而且能利用集成信息对湿地现状进行评价,并辅助决策者科学地制订湿地保护和发展规划。

6.3.2　湿地信息系统实例——云南洱海湿地环境信息系统

1. 洱海简介

洱海位于云南省大理白族自治州,又称为洱河、西洱河、叶榆河等。它发源于洱源县茈碧湖,源头出自黑谷山,最大出水口在下关附近,经西洱河流出。洱海北起大理市上关镇,南至下关镇。洱海,湖面积为 251 平方千米(水位为 1974 米),总容量为 25.3 亿立方米,汇水面积为 2565 平方千米,湖长 42.5 千米,平均湖宽 6.3 千米,最大湖深 22 米,平均湖深 10.2 米,湖周长 117 千米。洱海水位 1966 米时(85 高程)南北长 42.0 千米,东西宽最大 8.8 千米,最小 3.05 千米,最大水深 21.5 米,平均水深 10.8 米,湖面面积 252.91 平方千米,蓄水量 27.94 亿立方米,湖中岛屿面积 0.748 平方千米,湖岸线 129.14 千米,是云南高原地区仅次于滇池的第二大淡水湖泊。

洱海地貌类型丰富,是第四纪形成的断陷构造湖,属于碳酸盐类湖泊。湿地是由水、土壤、植物、微生物、基质和动物等构成的复合生态系统,是人类最重要的环境资源之一。目前洱海湿地退化日趋严重,随着经济的快速发展和人口的急剧增加,天然湿地的负担更重,因而湿地的保护、恢复与重建受到社会的广泛关注。

2. 基于决策支持的洱海湿地保护信息系统

决策支持系统是由人机交互系统,模型库系统和数据库系统组成的,为决策者提供决策支持的系统,决策支持系统的基本结构如图 6.10 所示。

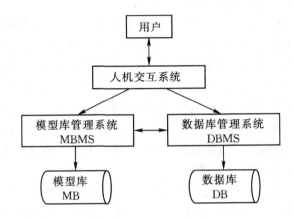

图 6.10　决策支持系统的基本结构图

3. 决策支持系统在洱海流域湿地保护中的应用

决策过程就是为实现一定的目的而制订多个行动方案,并从中选择一个"最优的"或"最有利的"或"最满意的"或"最合理的"的行动过程,这个过程也是提出问题、分析问题、解决问题的过程。因此,把洱海流域空间决策支持系统的决策过程分为确定目标、设计方案、评价目标和实施方案。它的示意如图 6.11 所示:

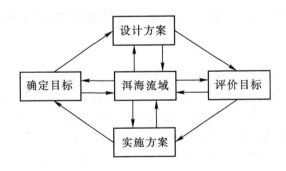

图 6.11　决策过程示意图

在本系统的具体实现中,以上四个阶段都能用算法实现,确定目标就是确定要进行决策的问题,设计方案就是运用 C♯ 和数学建模等手段进行评价,评价目标就是通过设计出的方案得出"最合理的"的决策结果,实施方案就是根据决策结果给出的相应的解决方案。

　　洱海流域空间决策支持系统引入空间决策支持系统综合利用各种数据、信息、知识、人工智能和模型技术并结合洱海实际问题,根据空间决策支持系统研究问题的过程:① 确定目标。② 建立模型。③ 寻求空间分析手段。结合以上两步的分析结果,逐步分解细节,寻求空间分析手段,对各种可能的分析手段进行分析,确定可行性的分析过程,尤其应注意空间数据的有效连接,最后形成分析结果,提交给水资源管理者使用。④ 结果分析。对洱海流域空间的水资源、土地资源、植被资源、人口资源进行合理的决策,最终完成人机交互以及以图形和文字的形式直接表达的系统,方便决策者进行决策,而且决策结果具有合理性、客观性等特点。具体应用如图 6.12 所示。

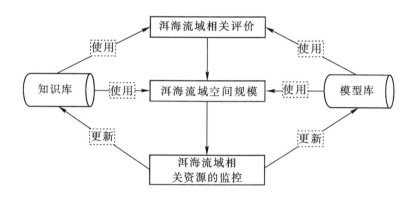

图 6.12　空间决策支持系统在洱海流域中的应用

4. 洱海湿地保护信息系统数学模型

　　本系统主要建立了三个模型,分别是基于 NDVI 的像元二分模型植被覆盖度计算模型,洱海流域土壤有机碳储量计算模型,洱海流域树木覆盖率计算模型,对各模型的说明如下:

　　1)基于 NDVI 的混合像元二分模型植被覆盖度计算模型

　　此处采用的基于 NDVI 的像元二分模型计算植被覆盖度的方法来计算洱海流域的植被覆盖度,关于混合像元二分模型和基于 NDVI 的植被覆盖度计算的模型分析如下:

　　令
$$S = S_v \times F_v + S_{nv} \times F_{nv} \qquad (6-4)$$
$$F_{nv} = (1 - F_v) \qquad (6-5)$$

　　将式(6-5)代入式(6-4)中可以得到植被覆盖度 F_v 的计算公式,如式(6-6)所示:
$$F_v = (S - S_{nve})/(S_v - S_{nv}) \qquad (6-6)$$

式中:F_v 为植被覆盖度;

　　S 为混合(有植被和无植被区)像元的光谱信息;

　　S_v 为纯植被像元的光谱信息;

　　S_{nv} 为纯非植被像元的光谱信息。

另外,基于 NDVI 的植被覆盖度计算公式如下:

$$Fveg = (NDVI - NDVI_{w})/(NDVI_{v} - NDVI_{w}) \qquad (6-7)$$

式中:$NDVI$ 为混合像元的 $NDVI$ 值;

$NDVI_{v}$ 为完全非植被覆盖的像元 $NDVI$ 值。

2)土壤有机碳储量计算模型

土壤有机碳储量是通过土壤有机碳密度和面积的乘积而得来的,根据这个信息,对土壤有机碳储量模型的建立如下:

土壤有机碳密度:有机碳密度(soil organic carbon density,SOCD)的计算公式如式(6-8)所示。

$$SOCD_{i} = 0.58H_{i}Q_{i}W_{i} \qquad (6-8)$$

土壤有机碳储量的值由土壤的面积和平均有机碳密度求得,如式(6-9)所示:

$$SOCR = \sum_{i=1}^{k} SOCD_{i}S_{i} \qquad (6-9)$$

式中:$SOCD_{i}$ 为土壤有机 C 密度($kg \cdot m^{-2}$);

S_{i} 为第 i 种土壤类型的分布面积(km^{2})。

土壤有机碳储量计算模型执行过程如图 6.13 所示。

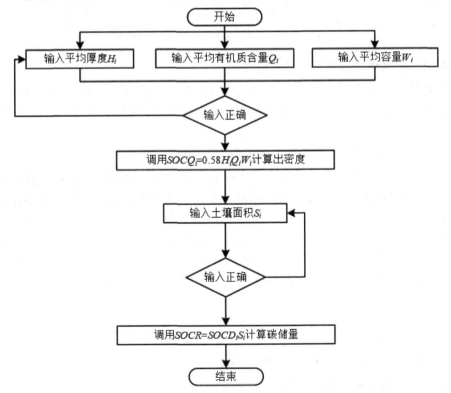

图 6.13　土壤有机碳储量计算模型的执行

3）树木覆盖率计算模型

树木的概念可归纳为六个方面：树木是一个生态系统；树木是为生产木材及其他林产品，或为间接效益（保护环境和休憩）而经营的木本植物群落；树木应具有一定的面积；树木应具有一定的密度；树木应具有一定的高度；树木应具有一定的生产力。

树木覆盖率是表明一个国家或地区树木多寡的重要指标之一，然而树木覆盖率的计算方法是一个较难统一的问题。国际上的有关组织虽做过一些规定，但各国并不是都按此标准执行。我国"四五"清查时计算树木覆盖率的方法与以前的技术规定不一致，各省亦是如此。下面对树木覆盖率的计算模型进行介绍：

国外采用某地区的树木面积与土地总面积的百分比来表示树木覆盖率，其计算公式如式（6-10）所示：

$$D(\%) = S_{fr}/S_{ea} \times 100\% \tag{6-10}$$

式中：D 为树木覆盖率；

S_{fr} 为树木总面积；

S_{ea} 为土地总面积。

式中的"树木面积"如何定量，联合国粮农组织和第七届世界林业大会曾作规定：树木系指郁闭系数为 0.2 以上的郁闭林。但是，迄今各国并未曾接受这一规定，而仍根据各自的确定本国的树木定量标准。

我国树木法实施细则规定："树木覆盖率是指全国或一个地区树木面积占土地面积的百分比。树木面积是指郁闭度为 0.3 以上的乔木林地，经济林地和竹林地的面积；国家特别规定的灌木林地面积，农田林网以及村旁、路旁、水旁、宅旁林地的面积也列为树木面积。"其计算覆盖率公式如式（6-11）所示：

$$D(\%) = (S_{fr1}/S_{ea} + S_{fr2}/S_{ea} + S_{fr3}/S_{ea} + S_{fr4}/S_{ea}) \times 100\% \tag{6-11}$$

式中：D 为树木覆盖率；

S_{fr1} 为有林地面积；

S_{fr2} 为灌木林地面积；

S_{fr3} 为疏林地面积；

S_{fr4} 为防护林面积；

S_{ea} 为土地总面积。

树木覆盖率计算的执行过程如图 6.14 所示。

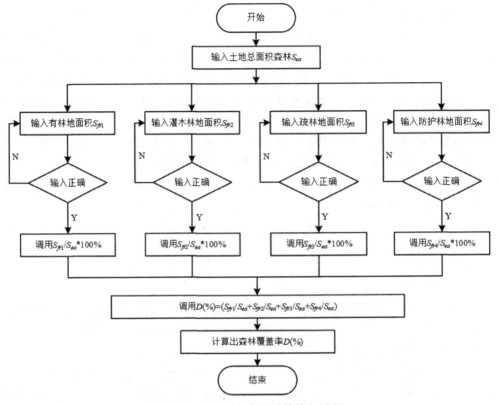

图 6.14　树木覆盖率的计算执行过程

5. 数据获取

本项目借助于"3S"技术实现生态信息采集。以"3S"技术为基础,付之于其他的高新技术,从而形成一项综合技术。它将信息获取、处理和应用于一体,突出的表现在信息获取与信息处理的高速、实时,信息应用的高精度和可定量化等方面。洱海许多水源来自于高山山溪,对于一些无法部署传感器的高山顶部,可采取无线传感器网络技术与"3S"技术相结合的方式来实现数据的采集和传输,对整个系统的监控起到补充作用。虽然"3S"技术的成本较高,但无疑,RS、GIS、GPS 为信息监控的研究提供了极为有效的一系列研究工具,在很大程度上改变了研究方式。

在生态信息采集过程中,比较高级的信息获取方法相继出现,这就是智能化的信息采集方式,即通过先进仪器具有自动从环境中进行信息采集,获取有用的生态信息。信息采集的流程如图 6.15 所示。

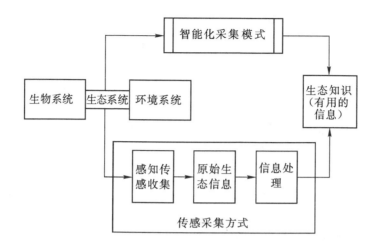

图 6.15　信息采集的一般流程

6. 洱海湿地保护信息系统设计技术路线图

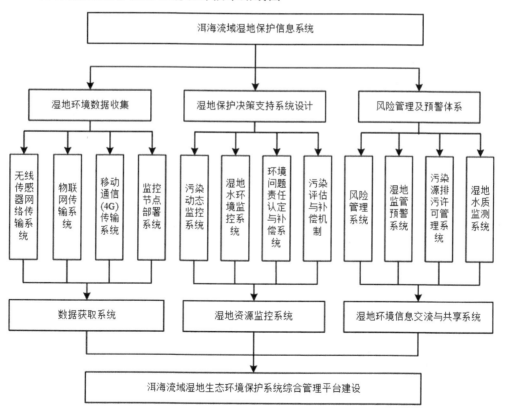

图 6.16　技术路线图

7. 洱海湿地保护系统分析

洱海湿地保护信息管理系统集成了决策支持系统的思想和特点,根据洱海流域实际情况(相关数据和资料的来源),利用数学建模等技术最终实现针对洱海流域的湿地资源、水资源、树木资源和土壤资源等具体情况的评估,做出相关决策,并根据具体的决策结果给出具体的解决方案。

洱海流域湿地保护信息系统主要研究的是对洱海流域的环境进行评价和相关决策,本系统主要研究了洱海湿地的健康状况评价、湿地的分析、湿地的介绍、湿地指标体系的介绍,湿地植物的可引种性判断等基本功能。通过这些功能可以让决策者提早知道洱海湿地的健康级别和洱海水质的健康级别,从而达到辅助决策者对洱海进行有效管理的目的。

洱海流域湿地保护信息系统能够实现在输入参数的情况下,快速做出决策,也就是相关的结论,最终达到辅助决策者进行决策的功能。该系统为决策者提供以计算机为核心的具有综合信息处理的环境,最终实现对数据的处理。该系统能方便、灵活地协调决策者的工作;及时提供与决策者有关的各种信息;提供方便的人机交互,最终实现辅助决策的功能。洱海流域空间决策支持系统是一款非常实用的现代化系统。

1)湿地健康评价

洱海湿地健康评价模块包括对洱海湿地的健康状况进行评价,对洱海湿地植物 N 和 P 含量的分析,对洱海湿地进行介绍等功能。因此该模块的功能如图 6.17 所示。

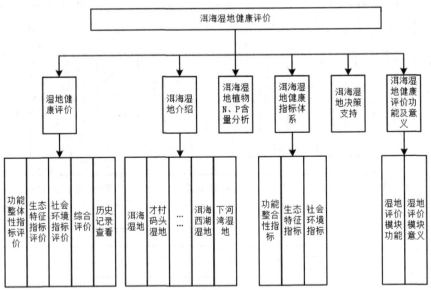

图 6.17　洱海湿地健康评价模块功能图

2）湿地植被现状

湿地生态环境不断改善，树木覆盖率达 86.3%。在未来还会提高一个层次，因此我们对湿地植物的可引种性进行判断，以达到提高湿地树木覆盖率、维持生物多样性、对现有植物资源可持续利用的目的。

3）湿地植被引种

湿地植物引种对洱海流域的环境有十分重要的影响，高覆盖率的植被不仅对空气有净化功能，而且为动植物提供了更加优良的生存空间，对周边环境同样意义重大。

湿地植物引种模块说明：湿地植物引种模块包括湿地植物的可引种性判断、对洱海流域树木覆盖率的计算、植被覆盖度的计算，以及土壤有机碳储量的计算等。系统分别从湿地的气候因子和土壤因子两方面对植物的可引种性进行判断，将湿地的气候因子和土壤因子分别与被引种植物所在地进行对比，综合评价系统结果，如果两者具备同样的属性，就可对该植物进行引种。具体实现的功能如图 6.18 所示。

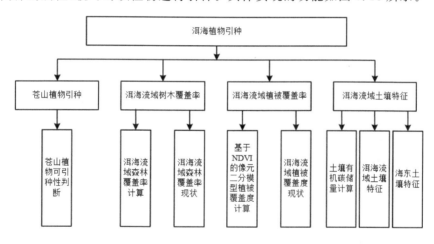

图 6.18　湿地植物引种模块功能图

习　题

1.结合实际，分析我国环境信息系统建设中如何综合应用"3S"技术。

2.设计一个可用于固定区域内水环境信息系统。

3.试以你所在的大学校园或小区为对象，设计出在该区域内建立大气环境信息、系统的基本方案，内容要求包括系统目标、功能需求、可行性分析和设计，不要求完成系统实施及后续工作。

参考答案

参考文献

［1］闫顺玺.地图学［M］.北京:冶金工业出版社,2015.

［2］姜丽.地图学导引与案例［M］.北京:经济科学出版社,2017.

［3］曾向阳,闫靓,陈克安.环境信息系统［M］.2版.北京:科学出版社,2014.

［4］石若明,朱凌,何曼修.ArcGIS Desktop 地理信息系统应用教程［M］.北京:人民邮电出版社,2015.

［5］莫向国,禹超杰,于卫东.浅谈地理信息系统与遥感信息处理系统的关系及应用［J］.决策探索,2014(07):57.

［6］汤国安,杨昕.ArcGIS 地理信息系统空间分析实验教程［M］.2版.科学出版社,2012.

［7］魏东凯.信息技术在环境保护信息系统中的运用［J］科学技术创新,2017(8):147 -147.

［8］潘铭俊.ENVI 软件的遥感解译影像制作和应用［J］.大科技,2020(08):224.